MediaPipe 机器学习
跨平台框架实战

马健健 著

清華大学出版社
北京

内 容 简 介

本书以实际项目为线索，带领读者探索MediaPipe在不同场景中的应用，使读者既能了解理论知识，又能通过实践掌握技能。全书共9章，第1章介绍MediaPipe基础；第2章重点探讨MediaPipe的控制流、同步机制以及GPU的使用；第3章介绍MediaPipe中的Facemesh，探讨其在增强现实、AR滤镜和视频会议软件中的应用；第4章将MediaPipe与游戏控制相结合，介绍如何在体感游戏中应用MediaPipe技术；第5章以AR激光剑效果、火箭发射小游戏、空中作图等为例，展示MediaPipe在视觉特效方面的应用；第6章介绍如何使用MediaPipe实现手语识别应用；第7章展示如何通过MediaPipe打造虚拟智能健身教练；第8章通过案例介绍MediaPipe与Unity在游戏与虚拟现实领域整合应用的强大潜力；第9章展望MediaPipe的未来，为读者提供了对这一技术的更深层次的认识和思考。

本书内容新颖，案例丰富，代码翔实，不仅适合对机器学习感兴趣的程序员、广大编程爱好者，还适合在校学生、创业者或者普通用户学习与参考。

图书在版编目（CIP）数据

MediaPipe机器学习跨平台框架实战 / 马健健著.—北京：清华大学出版社，2024.1
ISBN 978-7-302-65102-4

Ⅰ.①M… Ⅱ.①马… Ⅲ.①机器学习 Ⅳ.①TP181

中国国家版本馆CIP数据核字（2023）第245944号

责任编辑：王金柱
封面设计：王　翔
责任校对：闫秀华
责任印制：沈　露

出版发行：清华大学出版社
　　　　　网　　　址：https://www.tup.com.cn，https://www.wqxuetang.com
　　　　　地　　　址：北京清华大学学研大厦A座　　　　　邮　　编：100084
　　　　　社　总　机：010-83470000　　　　　　　　　　邮　　购：010-62786544
　　　　　投稿与读者服务：010-62776969，c-service@tup.tsinghua.edu.cn
　　　　　质量反馈：010-62772015，zhiliang@tup.tsinghua.edu.cn
印　装　者：三河市人民印务有限公司
经　　销：全国新华书店
开　　本：185mm×235mm　　　印　　张：15　　　字　　数：360千字
版　　次：2024年1月第1版　　　印　　次：2024年1月第1次印刷
定　　价：109.00元

产品编号：097607-01

前　言

　　随着短视频应用的兴起并引领全球移动端应用，各种基于摄像头的趣味短视频特效应用进入广大用户的视野，重新定义了用户体验的边界。这其中包含一些增强现实/虚拟现实的有趣尝试，比如虚拟化妆镜、视频实时换背景、特效面具以及基于摄像头的实时物体检测和文字翻译等。在这些应用中，低功耗、具有跨平台特性以及可运行在中低端设备（特别是移动端）上的机器学习框架尤其引人瞩目，并为各类创意场景提供了无限可能。对此，部分厂商提供了自己的SDK套件，用于上述场景或应用的构建，普通用户有机会接触这些场景或应用吗？答案是肯定的。

　　本书介绍的MediaPipe是一款由Google开发并开源的多媒体机器学习模型应用框架。在谷歌，很多产品如 Google Lens、ARCore都已高度整合了MediaPipe。作为一款开源跨平台框架，MediaPipe不仅可以被部署在服务器端，也可以在移动端或嵌入式平台成为机器学习推理框架使用。本书介绍MediaPipe的功能、技术框架，从简单的例子入手介绍工作原理，并且通过大量由浅入深的工程实例引领读者深入探索这个充满创意的领域，揭示其中的技术奥秘和潜力。通过深入解析，读者将了解到这些视频特效应用背后的故事，以及它们是如何在移动端引领潮流，塑造数字时代的奇妙格局的。无论你是对机器学习感兴趣的程序员、编程爱好者还是在校学生、创业者或者普通用户，相信本书都会给你耳目一新的阅读体验。

　　本书内容如下：

　　第1章为读者建立了对MediaPipe的基本认识，从MediaPipe的简介、应用领域到与主流推理框架的对比，全方位介绍了这一技术的重要性和灵活性。

　　第2章是入门指南，详细介绍了MediaPipe的安装与配置，同时深入探讨了控制流、同步机制以及GPU的使用。

第3章聚焦于MediaPipe中的Facemesh，探讨了其在增强现实、AR滤镜和视频会议软件中的应用。

第4章将MediaPipe与游戏控制相结合，介绍了如何在体感游戏中应用MediaPipe技术。

第5章是实战项目，以AR激光剑效果、火箭发射小游戏、空中作图等为例，全面展示了MediaPipe在视觉特效方面的应用。

第6章带领读者挑战手语识别，介绍了手语识别的基础知识以及如何使用MediaPipe实现手语识别应用。

第7章聚焦于健身领域，展示了如何通过MediaPipe打造智能健身教练，为用户提供个性化的健身指导。

第8章将MediaPipe与Unity结合，为读者呈现了这两者在游戏和虚拟现实领域的强大潜力，并提供了案例介绍。

第9章展望了MediaPipe的未来发展方向，为读者提供了对这一技术的更深层次的认识和思考。

本书提供配套资源文件，用微信扫描下述二维码即可获取：

如果下载有问题，请用电子邮件联系booksaga@126.com，邮件主题为"MediaPipe机器学习跨平台框架实战"。

由于编者水平有限，书中难免存在疏漏之处，敬请广大读者和专家批评指正。

在这里特别感谢王金柱编辑提供的指导和帮助，感谢父母、其他家人和朋友一如既往的支持和鼓励。

编　者
2023年11月

目　录

第 1 章

MediaPipe 基础

本章主要介绍 MediaPipe 的概念和优势，同时结合常见的主流 AR/VR 应用介绍 MediaPipe 的使用场景，以及 MediaPipe 学习中需要使用的知识储备。

1.1 MediaPipe——站在巨人的肩膀上

本节开始介绍 MediaPipe 的特点及其应用场景，以便读者对 MediaPipe 有初步了解，同时介绍 MediaPipe 与主流机器学习框架 TensorFlow 和机器视觉 OpenCV 的关系。

1.1.1 MediaPipe 简介

近年来，随着 AR/VR 技术的发展以及元宇宙概念的兴起，对实时流媒体数据或基于移动端机器视觉的特效处理或增强现实技术的要求越来越高，以及对不同平台环境的兼容适配也提出了一定要求。很多公司开发了自己的跨平台机器学习推理引擎，通过 SDK 集成的方式供开发者使用，在此类技术框架中不乏各种商业化的优秀框架，使得开发者可以专注在技术实现上，而无须关注底层框架的具体实现。

MediaPipe 是谷歌于 2019 年推出的一套针对实时流媒体数据的跨平台、可定制化的机器学习解决方案，该方案支持端到端的推理加速，使得在普通硬件条件下环境也支持加速处理。同时，基于跨平台的特性，使得它具有一次构建，可以在多个平台部署的特性（支持的平台包含移动端 Android/iOS、PC 桌面或其他移动 IoT（Internet of Things，物联网）设备）。除此之外，它的开箱即用特性也使得在不同的应用场景中体现了作为机器学习解决方案的优异性能。另一个突出的优势是不同于市面上其他的商业化技术，它是基于 Apache 2.0 框架的，开源免费且极具扩展性。

1.1.2 MediaPipe 可以做什么

作为一款成熟的机器学习框架，MediaPipe 的能力在不同的场景和应用中得到有力的验证，特别是随着移动端设备和 App 的兴起，MediaPipe 由于其优秀的扩展和跨平台的一站式机器学习方案，使得 AR/VR 以及类短视频特效等应用得到广泛的推广和发展。

当前越来越多的应用和服务利用神经网络等深度学习算法，以往由于客户端硬件限制的原因，模型推理的过程往往在服务器端执行。由于近年来移动设备特别是智能手机硬件的升级，使得在移动设备（或嵌入式设备）上可以运行复杂的计算和推理，同时对利用 GPU 进行渲染提供了可能性。同时，在进行模型推理之前，往往需要复杂的数据预处理和后处理操作。另外，要使得（视频等）数据的流入得到及时处理并反馈到屏幕端需要成熟的控制流 Flow Control 框架。MediaPipe 是为了解决上述问题应运而生的。

目前在市面上可以发现很多基于 MediaPipe 框架开发的应用，比如自拍特效类、实时修改头发颜色、实时更改视频背景以及手势和姿态识别等应用。目前市场上可以找到的应用有 Art Filter、Art Selfie 和 Art Transfer，如图 1-1~ 图 1-3 所示。另外，还有些用于安防方向的 App（比如 Alfred Camera 等）也迁移到 MediaPipe 以提高性能，增强用户体验。

对 MediaPipe 来说，它是由 Bazel 构建的，Bazel 是一种自动化构建工具，通过命令行对项目进行重新编译，并且借助多语言支持的特性可运行在 Windows、Linux 或 macOS 系统上。

相信有读者会问，MediaPipe 是否可以实现目前短视频上的特效应用？答案是肯定的，只要是基于摄像头的 AR/VR 应用，都可以通过 MediaPipe 来实现。不仅如此，市场上还出现了基于 MediaPipe 的手语识别应用，借助移动平台和机器视觉帮助特殊人群识别手语。图1-4 显示了官方支持的推理模型代码示例以及支持的编程语言。

图 1-1　Art Filter 示例

图 1-2　Art Selfie 示例

图 1-3　Art Transfer 示例

	Android	iOS	C++	Python	JS	Coral
Face Detection	☑	☑	☑	☑	☑	
Face Mesh	☑	☑	☑	☑	☑	
Iris	☑	☑	☑			
Hands	☑	☑	☑	☑	☑	
Pose	☑	☑	☑	☑	☑	
Holistic	☑	☑	☑	☑	☑	
Selfie Segmentation	☑	☑	☑	☑	☑	
Hair Segmentation	☑		☑			
Object Detection	☑	☑	☑			☑
Box Tracking	☑	☑	☑			
Instant Motion Tracking	☑					
Objectron	☑		☑	☑	☑	
KNIFT	☑					
AutoFlip			☑			
MediaSequence			☑			
YouTube 8M			☑			

图 1-4　MediaPipe 官方支持的语言和模块示例

1.1.3　MediaPipe 和实时流媒体数据

之前介绍了 MediaPipe 主要应用于借助摄像头的机器视觉领域，而且特别适合处理流式数据提供实时的推理，并且借助渲染的方式和原图层进行叠加以实现各类的 AR/VR 效果，使得 AR/VR 实现成本更加低廉。

Live Streaming（实时流），也称作视频直播，是一种可以让用户实时创建、观看或分享视频的技术，通常情况下用户需要借助基于互联网的设备，可能是手机或者计算机。实时流大体上分为两类，一种是对公众开放的（或者说是广播的），目前有很多视频直播的应用或平台，比如抖音、Bilibili 等直播频道，公开的视频会针对成千上万的用户，在直播间有着各种和用户互动的环节，不同于离线剪辑的视频，视频直播是未经事先剪辑的，而且是实时的；另一种实时流是和公开相对的，我们经常使用的视频聊天软件，比如 Skype、Zoom 等就是这种情况。

对于 Live Streaming 实时流视频来说，最重要的是时延（Latency）。一般而言，时延是摄像头捕获图像到显示给用户的时间，中等或低时延会大大降低用户体验，在网络上传输时带宽和视频的分辨率占据主要因素（一般来说，直播平台会解决这个问题）。而如果我们在流式视频中添加 AR/VR 的环节，那么需要在摄像头捕获视频流到显示给用户之间添加这个步骤，这个步骤耗时越高，总时延越长，画面就越卡顿或拖尾。如何降低这个 AR/VR 环节的耗时，成为成就实时流视频的关键。

为了阐述这个问题，下面用图 1-5 来介绍一下。图 1-5 的最顶层是摄像头实时捕获的，最底部的框是显示给用户的，中间的方框区域是 MediaPipe 的处理步骤，也是通常情况下耗时最多的环节。

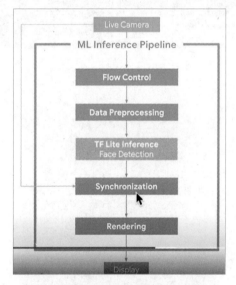

图 1-5 MediaPipe 处理流程示意图

在 MediaPipe 官方提供的评测中，用于人脸检测的 Facemesh 样例模型在 iPhone 主流机型上达到了 30FPS 的帧率。为什么 MediaPipe 处理速度会快呢？首先我们来介绍一下机器学习流水线（Meachine Learning Pipeline）。

MediaPipe 的控制流一般称为流水线（Pipeline）操作，我们以面部检测为例（Face Detection），首先启动数据预处理的步骤，然后传递给模型推理引擎（模型加载只需一次，通常情况下模型加载最耗时），将结果传递给渲染（Rendering）层。同时上一帧的人脸检测结果作为下一帧的输入，而不需要重新对模型进行调用，不同帧的处理结果会通过一个时序进行同步，然后交给下一步的渲染操作。

另一个使得 MediaPipe 处理效率高的因素是可以充分利用新生代设备（特别是智能手机）

的硬件性能，比如 GPU 加速（目前支持的 GPU API 有 OpenGL ES、Metal 和 Vulkan 等）和多线程特性，使得处理速度得到极大提高。

1.1.4　MediaPipe 和 TensorFlow

目前 MediaPipe 最新的版本是 v0.10，作为跨平台机器学习推理平台，其核心推理引擎部分采用了 TensorFlow（tflite）移动版，用于适配兼容各种不同平台。

TensorFlow 是由 Google 提供的开源机器学习和深度学习框架，目前广泛应用在机器视觉、自然语言处理等多个领域，大多数机器视觉的模型构建基于深度神经网络，TensorFlow 对此提供了良好的支持。

而 TensorFlow Lite 是一种用于移动端（设备端）推理的开源深度框架，可以在 IoT 或者移动设备上方便地部署并且运行机器学习模型，主要包含选择模型、转换、部署和优化等功能，如图 1-6 所示。

选择模型　　　　　　转换　　　　　　部署　　　　　　优化

图 1-6 TensorFlow Lite 功能

（1）选择模型：TensorFlow Lite 有多种方式获取 TensorFlow 模型，从使用预训练模型到自己训练的模型，包括来自 TensorFlow 的 Saved Model、Frozen GraphDef、Keras HDF5 模型或者 tf.session 得到的模型等。

（2）转换模型：在各种设备上都需要高效地执行，模型需要尽可能小，但是不能影响准确性。针对这点，所有的模型都需要转换成 TensorFlow Lite 可以识别的模型。

（3）部署：获取 tflite 文件，存储并加载到移动（或 IoT）设备中，并且通过 TensorFlow Lite 的解析器接受模型文件，执行对输入的运算，并产生输出。

（4）优化：TensorFlow Lite 提供了 TensorFlow 模型优化工具包，通过模型量化降低权重精确度等方式降低在内存、能耗、存储和计算资源方面的消耗。

在移动设备端采用 TensorFlow tflite 包进行推理，相对应地，在 Web 端，Tensorflow.js 提供了不同的后端供选择，比如针对 WebGL 或者 XNNPACK（面向手机和浏览器的高效浮点神经网络推理运算器）的 WebAssembly。

1.1.5 MediaPipe 和 OpenCV

机器视觉（Computer Vision）是研究如何使机器会看的学科，通过摄像头和计算能力替代人类眼睛对物体进行辨识、定位和追踪，并且通过对图片进行数字化处理，从而使其更适合人类观测或将其传递给相关程序或测量设备。

OpenCV（Open Source Computer Vision Library）是目前最流行的开源机器视觉库，并且广泛应用于各个实时应用场景中。OpenCV 当前支持各种平台，比如 macOS、Windows、iOS、Linux 等，以及各种编程语言，比如 Python、Java、C++ 等。

关于各种基于流媒体（视频直播）的应用中，在我们对图片或视频流进行推理之前，需要做一些预处理操作，这些预处理操作包含读取图片 / 视频流、图片的转换（包含位移、旋转和裁剪等）以及边缘检测，对视频进行色彩空间变换、灰度处理、图片分割、图片修补等，OpenCV 提供了包含但不限于上述常见的图片处理操作的功能支持。MediaPipe 把 OpenCV 作为一个安装的依赖项，作为构建机器学习流水线的 Preprocessing 部分。

接下来，我们用一段简单的 Python 代码带领读者看一下 OpenCV 在 MediaPipe 中构建针对流媒体数据处理的步骤。

我们通过 import cv2 来引入 OpenCV 的 package，调用 VideoCapture 函数并传递参数 0，这里的 0 代表摄像头的 id（下标从 0 开始，这里表示打开第一个摄像头）。cap.read() 函数用来获取视频流的每一帧，并且通过 flip() 将帧进行水平翻转。cv2.imshow() 用来打开一个窗口显示帧，最后通过监测按键将窗口销毁。

```
import cv2
# 初始化摄像头
cap = cv2.VideoCapture(0)
while True:
  # 读取摄像头的每一帧
  _, frame = cap.read()
x , y, c = frame.shape
  # 将帧进行翻转
  frame = cv2.flip(frame, 1)
  # Show the final output
  cv2.imshow("Result", frame)
  if cv2.waitKey(1) == ord('q'):
      break
# 释放摄像头并销毁屏幕
cap.release()
cv2.destroyAllWindows()
```

在 MediaPipe 中，我们经常会用到色彩空间变换，因为 OpenCV 默认读取的图片是 BGR 矩阵，而 MediaPipe 需要的是 RGB 空间格式，这里需要用 cvtColor() 函数进行转换，cv2. cvtColor(frame, cv2.COLOR_BGR2RGB) 实现了上述变换。

1.2　为什么选择 MediaPipe

很多读者会问，为什么要用 MediaPipe？前面我们介绍了 MediaPipe 的特性，包括跨平台、免费以及速度快，这些支持越来越多的应用选择 MediaPipe。

（1）模块化：相对于其他的机器学习推理框架而言，MediaPipe 独特的模块化和可重用性使得其在创建 Control Flow 控制流时更灵活，适应的场景更广泛。MediaPipe 中的数据流控制是通过 Graph 来创建的，而 Graph 又可以通过 Subgraph 和 Calculator 计算单元等灵活组合构建复杂的逻辑，这种模块化的操作可以轻易迁移到其他项目中，而其他类似的框架 DeepStream 仅仅支持基本的线性控制流。

（2）支持的数据类型多样：MediaPipe 从名称上进行拆解，是为了处理 Media 媒体数据产生的，可以支持常见通用的媒体多模态数据，包含视频、音频、图片以及其他自定义的数据类型，而同类型的 DeepStream 仅可以支持图片或视频流。

（3）平台无关性：MediaPipe 支持 macOS、Windows、Linux 等多平台，并且支持多种编程语言，中小团队可以通过简单地修改配置将桌面应用部署到移动设备上，而其他多数框架仅仅支持特定平台上的模型推理操作。

1.3　主流推理框架的对比

本节介绍当前应用广泛的主流推理框架，读者可从中了解这些主流框架的特点，以便根据应用场景进行选择。

1. TensorRT

TensorRT 是一种由英伟达公司开发的深度学习推理优化工具，可以将训练好的深度学习模型压缩、优化，使其运行速度更快。TensorRT 的优点在于可以大幅提升模型的推理速度，并且支持多种深度学习框架，如 TensorFlow、PyTorch 等；缺点是仅能用于英伟达的 GPU，对于其他硬件平台不太友好。

2. OpenVINO

OpenVINO 是一种由英特尔公司开发的深度学习推理优化工具，可以将训练好的深度学习模型优化，使其运行速度更快。OpenVINO 支持多种硬件平台，包括 CPU、GPU、VPU 等，可以用各种边缘计算应用中。OpenVINO 的优点在于对于边缘计算应用非常友好，可以支持多种硬件平台，同时还提供了丰富的工具包，可以用于实现人脸识别、手势识别、语音识别等功能；缺点是仅支持英特尔的硬件平台，对于其他厂商的硬件平台不太友好。

3. MediaPipe

MediaPipe 是一种开源的跨平台多媒体处理框架，可以用于视频分析、图像处理等应用。MediaPipe 提供了丰富的工具包，可以用于实现人脸识别、手势识别、语音识别等功能。MediaPipe 的优点在于功能强大，支持跨平台，可以在各种硬件平台上使用；缺点是学习曲线较陡，对于初学者可能不太友好。

总体来看，TensorRT、OpenVINO、MediaPipe 都是用于深度学习模型加速的工具，它们各有优缺点。TensorRT 可以大幅提升模型的推理速度，但仅能用于英伟达的 GPU。OpenVINO 对于边缘计算应用非常友好，支持多种硬件平台，但仅支持英特尔的硬件平台。MediaPipe 功能强大，支持跨平台，但目前成熟的资料比较少。开发者可以根据自己的需要选择适合的工具。

1.4　小结

本章介绍了什么是 MediaPipe、MediaPipe 的特性以及常见的应用场景，并且通过对 Live Streaming 流媒体数据的处理介绍了 MediaPipe 的优势。同时结合内嵌的 TensorFlow（tflite）推理引擎和图片视频流处理框架 OpenCV，通过与其他 AI 推理框架的对比介绍了选择 MediaPipe 的原因。

第 2 章

MediaPipe 上手第一步

本章主要介绍 MediaPipe 的安装和使用，通过对常见的组件概念的讲解介绍 MediaPipe 的 LifeCycle，并且带领读者了解底层实现逻辑。

2.1 MediaPipe 的安装

MediaPipe 在不同操作系统中的安装方式有些不同，这里分别介绍在不同环境下的安装，主要包括 Linux 与 Windows，还将介绍借助 Docker 容器安装 MediaPipe 的技巧，读者可根据自己使用的平台选择安装方法。

2.1.1 在 CentOS 下安装

在 CentOS 下安装时，首先需要安装 Bazelisk。之前提到过 MediaPipe 的编译是用过 Bazel 来完成的，基于 Bazel 支持多语言、可扩展，以及并行处理的特性，使得构建和测试得到加速。

步骤 01 安装 Bazelisk，Bazelisk 是 Bazel 的启动工具，用来下载和安装不同版本的 Bazel。

通过访问 Bazelisk 的 binary package https://github.com/bazelbuild/bazelisk/releases 下载和安装 Bazel，或者在终端（以 cmd 命令打开）执行以下命令以下载和安装 Bazel：

```
wget https://github.com/bazelbuild/bazelisk/releases/download/ v1.18.0/
bazelisk-linux-amd64
```

将文件复制到 /usr/local/bin 目录下：

```
cp bazelisk-linux-amd64/usr/local/bin/bazel
```

给下载文件添加可执行权限：

```
chmod +x bazelisk-linux-amd64
```

接下来添加到环境变量 export PATH="$PATH:/usr/local/bin/bazel"。

最后验证安装，通过命令 bazellisk –version 查看对应的版本。

步骤 02 克隆 MediaPipe 的 repository：

```
$ git clone https://github.com/google/mediapipe.git
cd MediaPipe # 切换到 MediaPipe 目录
```

步骤 03 安装 OpenCV。

通过包管理工具安装预编译的版本：

```
$ sudo yum install opencv-devel
```

步骤 04 运行 helloworld。

```
$ export GLOG_logtostderr=1
$ bazel run --define MEDIAPIPE_DISABLE_GPU=1 \
    mediapipe/examples/desktop/hello_world:hello_world
# 正常情况下应该输出
# Hello World!
# Hello World!
# Hello World!
# Hello World!
# Hello World!
```

```
# Hello World!
# Hello World!
# Hello World!
# Hello World!
# Hello World!
```

2.1.2 在 Windows 下安装

在 Windows 下安装 MediaPipe 的步骤如下。

步骤 01 下载并安装 Bazel。MediaPipe 使用 Bazel 作为构建系统，因此需要先安装 Bazel。可以前往 Bazel 官网或者下载 Bazellisk 安装包。Bazelisk 是在 Windows、macOS 上安装 Bazel 的推荐安装方法，例如执行以下命令可安装 Bazelisk：

```
choco install bazelisk.
```

choco install bazelisk 命令的作用是使用 Chocolatey 包管理器在 Windows 系统上安装 Bazelisk，以便在后续的操作中使用 Bazel 进行构建和管理。Chocolatey 是一个 Windows 下的包管理器，类似于 Linux 下的 apt-get 或 yum。它可以方便地安装、升级和卸载软件包。通过使用 Chocolatey，用户可以在命令行中轻松地安装 Bazelisk，而无须手动下载和安装二进制文件。

步骤 02 安装 MSYS2 并且配置 PATH 环境变量，通过下列命令安装相关的依赖包：

```
pacman -S git patch unzip
```

步骤 03 安装 Python 并添加到 PATH 环境变量中，通过 https://www.python.org/downloads/windows/ 下载并安装，这里推荐 3.8 以上版本。

步骤 04 安装 Visual C++ Build Tools 2019 以上版本和 WINSDK. Microsoft C++ 生成工具，可以通过下列网址获取：https://visualstudio.microsoft.com/zh-hans/visual-cpp-build-tools/。

步骤 05 安装 OpenCV，通过访问 OpenCV 网站（https://opencv.org/releases/），选择对应的 OS 版本安装包进行下载和安装。默认安装路径为 C:\opencv。

步骤 06 分别运行以下示例命令，示例命令用于构建和运行一个名为 hello_world 的 MediaPipe 程序。注意在运行 build 命令之前需要设置 Bazel 相关的变量。

```
set BAZEL_VS=C:\Program Files (x86)\Microsoft Visual Studio\2019\BuildTools
set BAZEL_VC=C:\Program Files (x86)\Microsoft Visual Studio\2019\BuildTools\
```

这两行命令设置了两个变量 BAZEL_VS 和 BAZEL_VC，分别表示 Bazel 构建工具的 Visual Studio 安装路径。

```
bazel build -c opt --define MEDIAPIPE_DISABLE_GPU=1 --action_env P
```

该命令使用 Bazel 构建工具执行构建操作。选项说明如下：

- -c opt 指定了构建配置为优化模式。
- --define MEDIAPIPE_DISABLE_GPU=1 定义了一个名为 MEDIAPIPE_DISABLE_GPU 的宏，并将其值设置为 1，表示禁用 GPU 加速。
- --action_env P 将环境变量传递给 Bazel 构建过程。

```
bazel-bin\mediapipe\examples\desktop\hello_world\hello_world.exe
```

该命令运行位于 bazel-bin\mediapipe\examples\desktop\hello_world 目录下的 hello_world.exe 可执行文件。该可执行文件是通过前面的 Bazel 构建过程生成的。

在运行上述命令后，你将看到类似以下的输出：

```
I20220521 05:20:04.136878 17235 hello_world.cc:56] Hello World!
I20220521 05:20:04.138327 17235 hello_world.cc:56] Hello World!
I20220521 05:20:04.138392 17235 hello_world.cc:56] Hello World!
I20220521 05:20:04.138442 17235 hello_world.cc:56] Hello World!
I20220521 05:20:04.138478 17235 hello_world.cc:56] Hello World!
I20220521 05:20:04.138579 17235 hello_world.cc:56] Hello World!
I20220521 05:20:04.139128 17235 hello_world.cc:56] Hello World!
I20220521 05:20:04.139175 17235 hello_world.cc:56] Hello World!
I20220521 05:20:04.140421 17235 hello_world.cc:56] Hello World!
I20220521 05:20:04.140913 17235 hello_world.cc:56] Hello World!
```

这些输出表明程序运行成功。

2.1.3 使用 Docker 安装

1. 在本机安装 Docker 应用

Docker 容器是一个运行环境，这个环境包含应用所需要的文件内容和依赖包等，容器是通过镜像创建的，镜像 image 的获取可以通过 GitHub 或者通过专门的 Docker 仓库等获取（公共的 Docker 仓库是 Docker Hub）。

安装 Docker 后，可以通过 docker version 命令获取当前的版本号。

以下是获得的 Docker 引擎的版本信息。

```
Client: Docker Engine - Community        // 表示客户端使用的是 Docker 社区版
Cloud integration:1.0.4                   // 表示与云集成的版本为 1.0.4
Version:                 20.10.2          // 表示 Docker 引擎的版本号为 20.10.2
API version:      1.41                    // 表示 Docker API 的版本为 1.41
Go version:       go1.13.15               // 表示 Go 语言的版本为 1.13.15
Git commit:       2291f61                 // 表示 Docker 引擎的 Git 提交版本号为 2291f61
Built:            Mon Dec 28 16:12:42 2020  // 表示 Docker 引擎的构建时间为 2020
                                          // 年 12 月 28 日 16 时 12 分 42 秒
OS/Arch:          darwin/amd64            // 表示 Docker 引擎运行在 macOS 操作系统上,
                                          // 架构为 x86_64
Context:          default                 // 表示 Docker 引擎的运行上下文为默认值
Experimental:     true                    // 表示该版本的 Docker 引擎为实验版本,
                                          // 具有实验性功能

Server: Docker Engine - Community        // 表示服务器使用的是 Docker 社区版
Engine:                                   // 表示这是 Docker 引擎的信息
Version:          20.10.2                 // 表示 Docker 引擎的版本号为 20.10.2
API version:      1.41 (minimum version 1.12)  // 表示 Docker API 的版本要求至
                                          // 少为 1.12,当前版本为 1.41
Go version:       go1.13.15               // 表示 Go 语言的版本为 1.13.15
Git commit:       8891c58                 // 表示 Docker 引擎的 Git 提交版本号为 8891c58
Built:            Mon Dec 28 16:15:23 2020  // 表示 Docker 引擎的构建时间为 2020
                                          // 年 12 月 28 日 16 时 15 分 23 秒
OS/Arch:          linux/amd64             // 表示 Docker 引擎运行在 Linux 操作系统上,
                                          // 架构为 x86_64
Experimental:     false                   // 表示该版本的 Docker 引擎不是实验版本,没有实验性功能
```

2. 建立 Docker 镜像

下面介绍建立 Docker 镜像的具体步骤:

步骤 01 在 GitHub 上拉取 MediaPipe 源码。

```
git clone https://github.com/google/mediapipe.git
```

步骤 02 切换到 mediapipe 目录下。

```
cd mediapipe
```

步骤 03 使用 docker build 命令从 Dockerfile 和上下文来构建 Docker 镜像,这里给我们的镜像打上标签 mediapipe。

```
docker build --tag=mediapipe .
```

注意,如果不指定 Dockerfile 的路径,默认使用当前目录下的 Dockerfile 来构建。

步骤 04 通过以下命令运行一个 Docker 容器。

```
docker run -it --name mediapipe mediapipe:latest
```

命令参数说明：

- -t 代表为容器分配一个输入终端（一般和 -i 参数同时使用）。
- -i 表示采用交互式模式，也可以在 Docker 中使用命令行。
- tag - latest 表示采用 MediaPipe 的新版本。

步骤 05 执行 helloworld 测试程序。

```
GLOG_logtostderr=1
bazel run --define MEDIAPIPE_DISABLE_GPU=1 mediapipe/examples/desktop/ hello_
world
```

步骤 06 根据提示清理 bazel 的缓存目录。

```
FATAL: corrupt installation:
file'/root/.cache/bazel/_bazel_root/install/c65c191bb5f6bccd5efa290d850a727b
/A-server.jar' is missing or modified.  Please remove '/root/.cache/bazel
/_bazel_root/install/c65c191bb5f6bccd5efa290d850a727b' and try again.
```

注意，这一步经常会遇到错误。

步骤 07 清理缓存后重新运行测试命令。

```
rm -rf /root/.cache/bazel/_bazel_root/install/ c65c191bb5f6bccd5efa290d850a7
27b
```

这里如果配置正确的话，可以看到如下输出：

```
INFO: Analyzed target //mediapipe/examples/desktop/ hello_world:hello_world
(55 packages loaded, 1321 targets configured).
INFO: Found 1 target...
Target //mediapipe/examples/desktop/hello_world:hello_world up-to-date:
  bazel-bin/mediapipe/examples/desktop/hello_world/hello_world
INFO: Elapsed time: 17.682s, Critical Path: 2.84s
INFO: 0 processes.
INFO: Build completed successfully, 1 total action
INFO: Build completed successfully, 1 total action
I20220521 05:20:04.136878 17235 hello_world.cc:56] Hello World!
I20220521 05:20:04.138327 17235 hello_world.cc:56] Hello World!
I20220521 05:20:04.138392 17235 hello_world.cc:56] Hello World!
I20220521 05:20:04.138442 17235 hello_world.cc:56] Hello World!
I20220521 05:20:04.138478 17235 hello_world.cc:56] Hello World!
```

```
I20220521 05:20:04.138579 17235 hello_world.cc:56] Hello World!
I20220521 05:20:04.139128 17235 hello_world.cc:56] Hello World!
I20220521 05:20:04.139175 17235 hello_world.cc:56] Hello World!
I20220521 05:20:04.140421 17235 hello_world.cc:56] Hello World!
I20220521 05:20:04.140913 17235 hello_world.cc:56] Hello World!
```

如果看到上述输出，说明用 Docker 方式安装 MediaPipe 正常完成。

2.2　MediaPipe 的基础架构介绍

本节主要介绍 MediaPipe 的基础架构组件、特点及其技术栈，从中读者可以了解 MediaPipe 的特性和工作原理。

2.2.1　基础架构组件的构成及特点

MediaPipe 的核心框架提供了基础架构，用于构建各种多媒体应用程序。它包括一组通用的数据流和图形处理工具，用于创建数据流图，从而连接各个组件。

MediaPipe 的基础架构主要由以下组件构成。

- 计算单元（Calculators）：这是 MediaPipe 中的基本处理单元，用于执行各种数据处理操作，例如图像处理、特征提取、机器学习推理等。MediaPipe 提供了各种现成的计算单元，也允许用户创建自定义的计算单元。

- 数据流图（Graphs）：数据流图是 MediaPipe 应用程序的核心，由计算单元组成，这些单元通过输入和输出端口之间的连接传递数据。这允许开发人员构建复杂的多媒体处理管道。

- 多媒体输入 / 输出（Media I/O）：MediaPipe 支持多种多媒体输入（如摄像头、视频文件、图像）和输出（如渲染到屏幕、保存视频文件）方式，以便处理多媒体数据。

- 解决方案组件：MediaPipe 还提供了一些解决方案组件，用于构建特定应用的快速原型。例如，MediaPipe Face Detection 和 MediaPipe Hands 是用于人脸检测和手部姿势估计的解决方案组件。

- 预训练模型：MediaPipe 提供了各种预训练的机器学习模型，可用于各种任务，包括人脸检测、手部姿势估计、身体姿势估计等。

MediaPipe 架构具有以下特点。

- GPU 加速：MediaPipe 支持在 GPU 上进行计算，以加速多媒体数据处理，尤其在实时应用中非常有用。

- 可扩展性：MediaPipe 具有高度可扩展性，允许开发人员自定义计算单元、数据流图和处理管道，以满足其特定需求。

- 跨平台：MediaPipe 是跨平台的，可在多个操作系统上运行，包括 Android、iOS、Linux、Windows 等。

2.2.2 MediaPipe 技术栈介绍

本小节先来介绍 MediaPipe 的技术栈。MediaPipe 的底层是一套跨平台的 C++ 框架，利用 C++ 自身的跨平台、多线程处理以及消息队列的机制保证底层构架设计满足高效稳定的需求，并且针对移动平台 Android/iOS 提供了一系列帮助工具用来进行性能调优和 Debug 操作，同时从底层整合了对 TensorFlow、OpenCV、OpenGL 等的支持。

再往上一层是 Graph 和 Calculator 构建和执行的 API（关于 Graph 和 Calculator 后面会详细介绍）。Graph Execution API 是一套 Graph 运行的控制流，实现了从 Graph 的定义文件中加载，执行各种模型推理操作，以及通过对推理的结果进行加工渲染操作等。Graph Construction API 主要通过 Protobuf（类似于 JSON 的二进制数据格式）对数据的控制流进行定义，Calculator API 是通过对 CalculatorBase 类的定义对基本的控制流（GetContract、open、processed、close）实现具体的数据处理操作。

Graphs 是由若干 Calculator 组合实现的，在 MediaPipe 的开放源码中有若干内置的 Calculators 实现了常见的视频、图片、音频以及 TensorFlow 推理等转换操作。同时，Graphs 也提供了大量的样例，包含完整的面部检测、发型分割、手势识别等供读者参考。

Graph 包含一组节点（Nodes），每个节点称为 Calculator 计算单元。Graph 在图形上是由一组 Calculator 互相连接得到的图形，数据包（Package）是在 Graph 中流动传递直至 Graph 的输出。Graph 可以并行处理 Calculator 的操作，并且在一次 Graph 的执行中，每个 Calculator 最多只执行一次。

每个节点（方框）都是一个 Calculator。Calculator 继承自 CalculatorBase（mediapipe/ framework/ calculator_base.cc），每个 Calculator 类都需要定义 4 个方法：GetContract、Open、Process、close。

- Getcontract：在 Getcontract 中定义输入和输出，并且在初始化的时候对输入和输出的 packets 进行校验。

- Open（打开）：Open 方法在 Calculator 被初始化时调用，用于执行一些初始化操作，包括分配资源、打开文件、建立连接或设置其他必要的环境。通常，Open 方法用于准备 Calculator 处理数据的上下文。

- Process（处理）：Process 方法是 Calculator 的主要功能，它负责处理输入数据，并生成输出数据。在 Process 方法中，用户可以编写自定义的处理逻辑，根据输入数据执行计算，并将结果发送到输出端口。这是 Calculator 的核心操作。

- Close（关闭）：Close 方法在 Calculator 不再需要时调用，用于清理资源、关闭文件、断开连接或执行其他清理操作。这有助于释放资源，以便它们可以在不再需要时被回收。通常，Close 方法与 Open 方法相对应，用于清理 Calculator 的上下文。

以上方法一起定义了一个 Calculator 的行为，使其成为 MediaPipe 流水线中的一个处理节点。通过定义、初始化、处理和清理，Calculator 能够执行特定的任务，并与其他节点协同工作，从而构建完整的数据处理流水线。

接下来介绍另外两个常见的概念：GraphConfig 和 Subgraph。

- GraphConfig：用来描述 MediaPipe Graph 的拓扑关系和功能。一般而言，MediaPipe 中的 Graph 使用 pbtxt 文件形式来进行编辑。

- Subgraph：为了重用 Perceptional 感知解决方案，通过 Subgraph 来定义模块化逻辑，结构类似于 Calculator。通常情况下，Subgraph 包含 input 和 output，并且在 Graph 被加载时，Subgraph 自动被内部的 Calculator 替换。

Subgraph 可以通过 BUILD rule：mediapipe_simple_subgraph 进行注册，并且通过 register_as 指定名称。

```
mediapipe_simple_subgraph(
    name = "twopassthrough_subgraph",
    graph = "twopassthrough_subgraph.pbtxt",
    register_as = "TwoPassThroughSubgraph",
    deps = [
            "//mediapipe/calculators/ core:pass_through_calculator",
            "//mediapipe/ framework:calculator_graph",
    ],)
```

这里我们通过一个例子来讲解 Subgraph，在 MediPipe 的图形化编辑工具中，打开 hand_tracking 的示例，依次单击 New File → Hand Tracking 菜单项。

在 Graph View 窗口中，可以看到这个 Graph 的结构，如图 2-1 所示。在图形上，我们可以看到有 3 个蓝色方框，和前面介绍的普通的 Calculator 颜色有所不同。

这个我们称之为 Subgraph。图 2-2 中的 HandLandMark 就是一个典型的 Subgraph，当我们单击蓝色方框时就可以看到这个 Subgraph 的定义，同样可以展开查看详情。

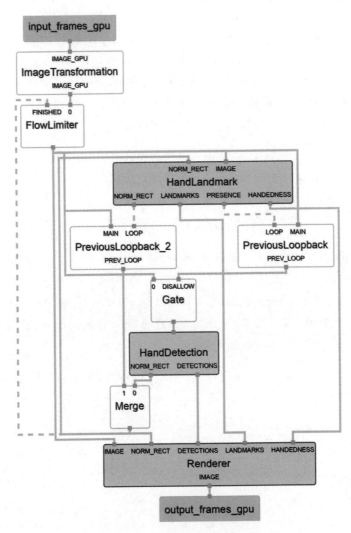

图 2-1 MediaPipe Hand Track Graph 示例

可以看出，Subgraph 和 Graph 的结构类似，也包含输入输出和 Calculator。

在 MediaPipe 框架中，Cycle 和 Side Packets 是两个关键概念，用于管理和传递数据以构建复杂的数据处理流水线。它们允许在计算节点之间有效地传递数据，并提供了一种机制，以实现更灵活的数据处理和控制流程。

- Cycles：MediaPipe 不鼓励支持图上有环的操作，如果确实需要循环的话，则需要在 Graph 配置文件中进行标定和配置。Cycles 用于处理计算图中的数据循环依赖。它解决了在一个数据处理流水线中，某个节点的输出依赖于先前节点的输出的情况。

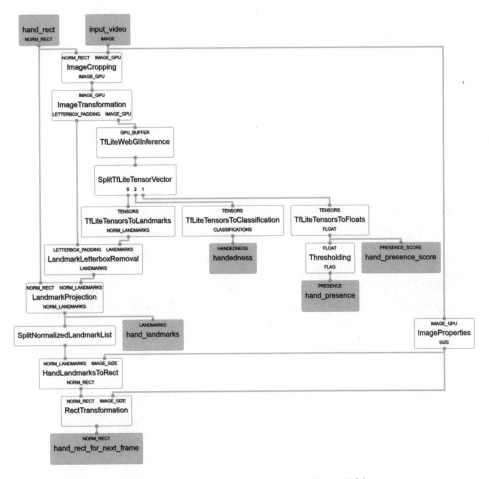

图 2-2　MediaPipe Hand Landmark SubGraph 示例

- Side Packets：通常是在 input 或者 output 中定义的常量（和 Packet 不同的是，Side Packet 没有时间戳的概念），比如在 pbtxt 文件中指定 input_side_packet: "test_packet"，用来提供一次性或静态的输入，比如配置文件等。通过 Side Packets 允许将额外的信息传递给计算图中的节点，以更灵活地控制节点的行为。

常见的 Calculator 因为 MediaPipe 框架处理主要针对 Media 数据，图形处理占据了大多数。大多数情况下，我们输入的源头是使用计算机或手机的摄像头拍摄的应用场景。此类场景下，在我们对图形输入进行模型推理或渲染之前，需要对输入流进行操作，常见的步骤有水平翻转和节流操作。水平翻转是为了保持自拍应用的镜像操作，如图 2-3 所示。

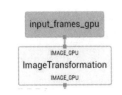

图 2-3　MediaPipe 图片翻转部分 Graph 示例

定义的内容如下：

```
node: {
  calculator: "ImageTransformationCalculator"
  input_stream: "IMAGE_GPU:input_frames_gpu"
  output_stream: "IMAGE_GPU:input_video_gpu"
  node_options: {
    [type.googleapis.com/mediapipe.ImageTransformationCalculatorOptions]:{
      flip_horizontally: true
    }
  }
}
```

接下来，我们来看一下这个 Calculator 的定义，查看 mediapipe/calculators/image/ image_transformation_calculator.cc 位置下的源码，可以看到主要是实现对图片的伸缩、旋转和翻转操作（水平和垂直方向），支持的输入包含 Image 和 Image_GPU，Image 是 ImageFrame 在 CPU 上的操作，大部分情况下可以利用智能设备的 GPU 加快图片和视频的渲染速度，可以选择 Image_GPU（即 GpuBuffer）进行加速。上述例子中，我们传入的 flip_horizontally 为 true，代表水平翻转。也可以通过传入 option 指定输出的尺寸，对图片进行裁剪的操作。下面的代码表明输出尺寸为 300×300。

```
options: {
  [mediapipe.ImageTransformationCalculatorOptions.ext] {
  output_width: 300
  output_height: 300
}
```

另一个常见的 Calculator 为 FlowLimiterCalculator，用于控制输入流传入 Calculator 进入 Graph 计算的速度。传入第一幅图片后，等待下面的 Calculator 和 Subgraph 执行完毕后，再传入下一幅图片进入整个 Graph。在此期间，等待的 Image 会被丢弃，整个 Calculator 起到限流的作用。可以避免实时移动端应用中多余的处理开销，以减少内存占用和延迟。

flow_limiter_calculator 的定义在 MediaPipe 的 Calculator Corelibrary：mediapipe/calculators/core/flow_limiter_calculator.cc。

Packet 是基本的数据单元，是通过 Protobuff 文件来定义的，其包含数值类型的时间戳。这里可以参照 Framework 中的场景的 Packet 定义：mediapipe/framework/calculator.proto。通过 InputStreamInfo 来提供输入输出的额外信息。input 和 output 的 tag（index 是可选的）指定输入输出的 index。如果有 index，需要用 "：" 指定。比如 // "VIDEO:0" -> tag "VIDEO"，index 0// "VIDEO:2" -> tag "VIDEO", index 2。

另外，这里指定 MediaPipe 整个框架的 Unique Identity，也是通过 Proto 文件来完成的。

```
message MaskOverlayCalculatorOptions {
  extend CalculatorOptions {
    optional MaskOverlayCalculatorOptions ext = 252129282;
  }
```

上述代码定义了一个名为 MaskOverlayCalculatorOptions 的消息类型，它是 CalculatorOptions 的扩展。在 MaskOverlayCalculatorOptions 中，有一个可选的字段 ext，其默认值为 252129282。

具体来说，这段代码做了以下几件事情：

- 定义了一个名为 MaskOverlayCalculatorOptions 的消息类型。这个消息类型可以包含一些字段，这些字段可以是基本类型（如整数、浮点数、字符串等），也可以是其他消息类型。

- extend CalculatorOptions 表示 MaskOverlayCalculatorOptions 是从 CalculatorOptions 继承而来的。这意味着 MaskOverlayCalculatorOptions 可以包含 CalculatorOptions 的所有字段，并且可以添加新的字段。

- optional MaskOverlayCalculatorOptions ext = 252129282; 表示 ext 是一个可选的字段。如果在创建 MaskOverlayCalculatorOptions 对象时没有提供 ext 的值，那么它的值将默认为 252129282。

值得注意的是，这里会有一个 back_edge 参数，默认是 false，特殊情况下需要设置成 true。一般来说，MediaPipe 中的 Graph 是一个有向无环图的概念，最终的输出作为开始的输入导致闭环会认为是 error。特殊情况下，我们需要允许闭环的产生，需要将 back_edge 设置成 true。如图 2-4 所示，虚线部分是个闭环操作，而这个闭环的引入通过指定 back_edge 操作来实现。

下面的代码通过 input_stream_info 将 FINISHED 输入流作为 back_edge。

```
node {
  calculator: "FlowLimiterCalculator"
  input_stream: "input_video_gpu"
  input_stream: "FINISHED:hand_rect"
  input_stream_info: {
    tag_index: "FINISHED"
    back_edge: true
  }
  output_stream: "throttled_input_video"
}
```

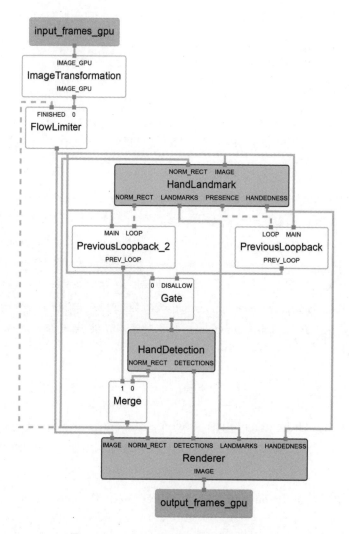

图 2-4　MediaPipe Graph（Flow Limit）示例

上述代码是一个名为 node 的对象，它定义了一个计算节点。这个计算节点使用了一个名为 FlowLimiterCalculator 的计算器，并接收两个输入流：input_video_gpu 和 FINISHED: hand_rect。

- "calculator": "FlowLimiterCalculator"：该行代码指定了计算节点使用的计算器类型为 FlowLimiterCalculator。

- "input_stream": "input_video_gpu"：该行代码指定了计算节点的第一个输入流为 input_video_gpu。

- "input_stream": "FINISHED:hand_rect"：该行代码指定了计算节点的第二个输入流为 FINISHED:hand_rect。

- "input_stream_info": {...}：该行代码定义了一个对象，用于描述输入流的信息。

- "tag_index": "FINISHED"：该行代码指定了输入流的标签索引为 FINISHED。

- "back_edge": true：该行代码指定了输入流是反向边，即当输入流结束时，计算节点会收到一个通知。

- "output_stream": "throttled_input_video"：该行代码指定了计算节点的输出流为 throttled_input_video。

MediaPipe 的技术栈如图 2-5 所示，它的最顶层目录包含完整的示例工程，覆盖了桌面、Android/iOS 等平台的项目，可以最大限度地复用并快速进行跨平台部署。中间层提供了用于构建、部署和执行多媒体处理流水线的工具和框架。这些工具包括构建和连接 Packet 的 API、支持各种多媒体格式的解码器以及 Calculator 和 Graph 的有向图结构，用于编写较为复杂的业务逻辑，也可以用于监控和调试流水线。底层平台层包含 MediaPipe 运行所需的基础设施，包括底层的跨平台框架运行环境 C++，移动平台 iOS/Android 帮助工具类，TensorFlow、OpenCV 以及 OpenGL 运行环境，另外也包含线程池、调度器、时间轮等。这些技术栈使得 MediaPipe 具备高度扩展性并且可以快速构建各种跨平台主流的机器推理应用。

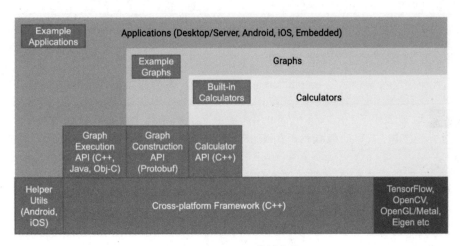

图 2-5 MediaPipe 的技术栈

作为一款优秀的处理媒体数据的机器学习解决方案，可灵活处理复杂数据流是核心。MediaPipe 引入了有向图的概念。为了很好地解释这个概念，我们先来介绍一下 MediaPipe 提供的 Graph 在线编辑工具——Visualizer。

打开网站 https://viz.mediapipe.dev/，页面如图 2-6 所示。

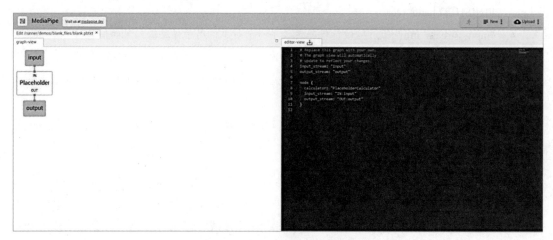

图 2-6 MediaPipe 的 Graph 模板

打开示例工程，选择 New → Face Detection，在编辑器的左边显示了一个 Face Detection 的 Pipeline，如图 2-7 所示，图上最上端和最下端的两个框分别定义了 Graph 的输入 input_frames_gpu 和输出 output_frames_gpu，这里的输入输出可以在 pbtxt 中指定。

```
input_stream: "input_frames_gpu"
```

上述代码定义了一个名为 input_stream 的输入流，其数据源为 input_frames_gpu。

```
output_stream: "output_frames_gpu"
```

上述代码定义了一个名为 output_stream 的输出流，其数据目标为 output_frames_gpu。

> 🎛️➕提示　通常情况下，输入流和输出流用于在计算机系统中传输数据。在这个例子中，输入流表示从 GPU 获取的帧数据，而输出流则表示将处理后的帧数据发送到 GPU 进行处理或显示。

输入和输出中间的部分是 Graph 定义的 MediaPipe Pipeline。图 2-7 上的每个方框代表节点，即数据处理部分，这里的数据处理包含预处理（比如图片的裁剪转换）、模型推理（比如通过图片分类模型得出图片是哪种动物的标签），以及给原图加上注解和渲染等后处理操作。这里的节点叫作 Calculator，每个节点都有至少一个输入和输出，具体的逻辑是通过继承 BaseCalculator 类来实现的。

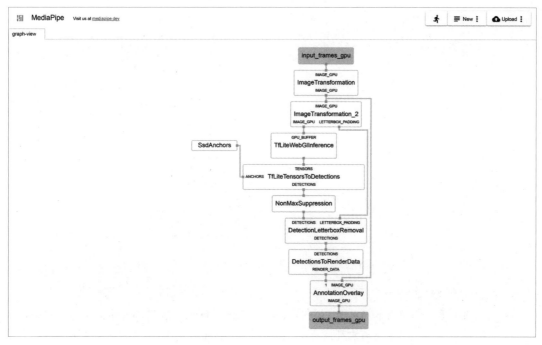

图 2-7 MediaPipe 的 Face Detection 示例模板

之前提到过，MediaPipe 项目是通过 Bazel 来构建的。这里我们来介绍一下 MediaPipe 的主要目录结构，如图 2-8 所示。

- MediaPipe.tulsiproj：这里是一个用 Bazel 构建（而非 Xcode）的 Xcode 项目，Tulsi 和 Bazel 整合了构建所需要的功能。

- Calculators：MediaPipe 内置的一系列关于图片、视频、音频等操作的 Calculators，目前 Calculator 是由 C++ 编写的，在同目录下可能会包含同名的 Proto 文件用于参数的传递。MediaPipe 的 Calculator 示例文件，如图 2-9 所示。

- docs：包含 MediaPipe 的一些说明文档。

- examples：目录包含针对不同平台的示例工程，比如 Android/iOS/Desktop 应用等，同时 Google 也提供了对自己出品的人工智能开发版 Coral 的支持，这里也提供了示例工程。MediaPipe 的 Example 示例文件夹，如图 2-10 所示。

- framework：包含 MediaPipe 内部使用的创建 input 和 Graph 以及控制流的验证等，同时包括在 Calculator 创建的时候需要继承的父类 Calculator Base（calculator_base.cc），也在 framework 目录中。

- gpu：包含一些使用 GPU 处理或加速的 Calculators。

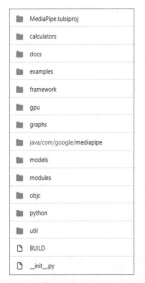

image_clone_calculator.cc

image_clone_calculator.proto

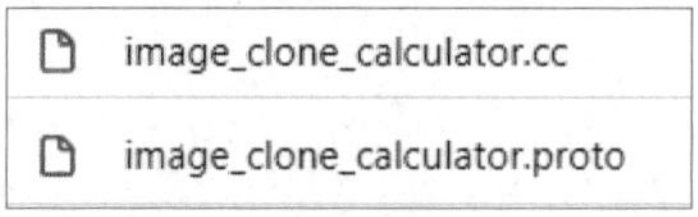

图 2-9 MediaPipe 的 Calculator 示例文件

（.cc 和 .proto）

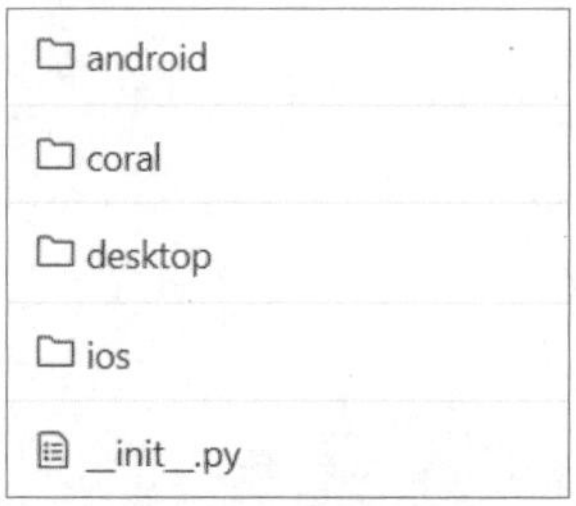

android

coral

desktop

ios

__init__.py

图 2-8 MediaPipe 的目录结构　　　　图 2-10 MediaPipe 的 example 示例文件夹

- graphs：包含很多内置的关于 Face Detection、Face Mesh、Hair Segmentation 等的 Graph 示例，每个单独的文件夹内有对应的 pbtxt 文件，即 Graph 描述文件，同时也包含 BUILD 文件，指明了编译需要的依赖项（当然，如果有 Subgraph，会有对应的 subgraph 子目录和文件）。
- java/com/google/mediapipe：包含类似 OpenGL 处理和 Frame 处理等 Java 文件，也可以用于其他 Android 项目中。
- models：提供常见的 tflite 模型用于常见的机器学习推理。
- modules：提供 Subgraph 以及对应的 tflite 模型用于特定的推理任务（比如 Face Detection 等）。
- objc：用 Objective C++ 来构建 iOS 应用。
- python：Python 语言支持的示例代码。
- util：包含基本的资产管理和其他的工具 Util Calculator。
- BUILD：Bazel 构建项目必须包含 BUILD 文件，用来指定依赖项和需要编译的资源路径等。

2.3 控制流和同步加速机制介绍

作为一款优秀的流式数据处理引擎，针对流式数据，需要有不错的同步和输入策略，本节将介绍 MediaPipe 的实现机制。

2.3.1　控制流

数据流 Packet 可能产生的速度比 Graph 处理数据的速度要快，需要引入可靠的流程控制确保内存或计算资源的占用在正常范围内。

这里 MediaPipe 有两种处理方式。第一种是简单的背压处理方式，也就是控制上游数据的输入速度，当输入数据流缓存到一定限度时，通过节流节点进行控制。这个阈值是通过 CalculatorGraphConfig::max_queue_size 来定义的，这种方法保持了确定性的原则，可以避免死锁的情况发生。默认情况下，这个限制是 100 个数据包；如果设定为 -1 的话，就会占用大量内存，可能会造成性能问题。

MediaPipe 的控制流示意图如图 2-11 所示。

图 2-11　MediaPipe 的控制流示意图

第二种是通过插入限流节点（一般来说是 FlowLimitedCalculator）来根据实时性的约束丢弃对应的数据包来实现限流的控制。通过设置限流节点，作为最后一个 Subgraph 的输入，并且通过一个 Lookback 的连接将最终的输出信号作为该限流节点的输入。参考图 2-12，FlowLimiter 是限流节点，FaceRenderShortRangeGpu 是 Subgraph，FaceRenderShortRangeGpu 的输入之一是 FlowLimiter，而其输出是作为 Lookback 输入 FlowLimiter，通知该限流节点某个 Packet 处理完成的状态。这个限流节点可以计算有多少个时钟信号被下游的 Subgraph 处理，并且在达到限制后丢弃数据包，从而减少资源的开销。

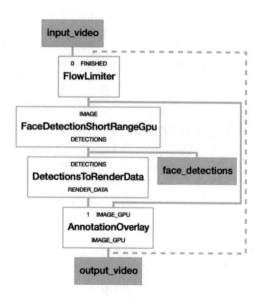

图 2-12　MediaPipe 的 FlowLimit 应用示意图

FlowLimitedCalculator 提供了对多个输入数据源的支持，第一个输入数据源是主数据源，其他的输入属于从属状态，从属输入依赖于主输入数据源的时序。

2.3.2 同步机制

MediaPipe 的同步机制是每个节点保证的，即在 Calculator 中定义对应的输入策略。

每个节点的默认输入策略提供了每个输入确定性的同步，同时对下列情形提供时序的保证。

- 在同一个节点（Calculator）拥有多个输入流 Input Streams。同一时刻的数据包总是被同时处理计算，无论它们实际到达的时间是否有差异。
- 针对同一输入数据流中的数据包，Calculator 总是严格按照时序的顺序进行先来后到的处理。
- 当节点进入就绪状态后，总是按照以上两点尽快进行数据处理。

2.4 GPU 的使用

MediaPipe 支持在 Calculator 节点中使用 GPU 进行计算和渲染，并且支持多个 GPU 节点以及 GPU 和 CPU 进行混合操作。目前支持 Metal、Vulkan 以及 OpenGL ES。

本节重点介绍 OpenGL ES，因为 MediaPipe 在使用 Bazel 对应用进行编译的时候，默认选择 OpenGL ES。

OpenGL ES 是一个跨平台的 API，主要用于在嵌入式和移动设备上进行 2D 和 3D 图像渲染。它是 OpenGL 的一个子集，主要区别是在 OpenGL ES 中不支持 GLUT 和 GLU。OpenGL ES 是通过硬件加速实现的，并且由于它是硬件无关的，无须考虑底层实现，仅仅通过强大和灵活的软件接口即可提供对低功耗设备的支持。

OpenGL ES Shading Language（也称作 GLSL）是一种类似 C 的编程语言，预先通过编写 Shader 程序来进行 OpenGL ES 管线处理。什么叫作 Shader 呢？Shader 可以认为是一种可以并行运行在 GPU 上的用于图像处理的小程序。目前 OpenGL ES 包含两类 Shader：一种是顶点着色器（Vertex Shader）；另一种是片段着色器（Fragment Shader），也叫作像素着色器（Pixel Shader）。通过这两者的结合以便控制图形渲染管线的各个阶段。GLSL ES 允许开发者编写自定义的图形效果、纹理映射、光照、投影等方面的计算，以便创建更复杂、更精美的图形渲染。顶点着色器的主要目的是将虚拟空间中的每个顶点的 3D 坐标转换到屏显的 2D 坐标。片段着色器通常用来定义片段（像素）的颜色和其他属性，比如渐变、光照、阴影等，并且可以实现对纹理等进行处理。片段着色器可以将光栅化之后的片段处理成一组颜色和单一深度值。下列代码片段用于对示例 3D 模型进行纹理颜色渐变的处理，以及将模型的大小按照时间周期性进行放大、缩小的操作。

这里介绍一下 OpenGL ES 的其他概念和特性。

- 数据类型：GLSL ES 支持各种数据类型，包括整数、浮点数、向量和矩阵。
- 内置变量：GLSL ES 提供了一些内置变量，用于访问渲染管线中的数据，如顶点位置、法线、纹理坐标等。
- 统一变量：Uniform 变量是一种特殊类型的变量，它允许在着色器之间传递常量数据，如光照参数或材质属性。
- 属性变量：Attribute 变量用于传递顶点数据，如顶点坐标、颜色或纹理坐标。
- 函数：GLSL ES 支持自定义函数，可以用于组织和重用代码。
- 纹理采样：GLSL ES 允许从纹理中采样颜色值，用于实现纹理映射和复杂的图形效果。
- 内置函数：GLSL ES 包括许多内置函数，用于执行各种数学运算和图形操作，如矩阵乘法、向量归一化、颜色混合等。
- 编译和链接：GLSL ES 着色器代码需要编译和链接为着色器程序，然后在 OpenGL ES 中使用。

代码清单 2-1 Vertex.glsl 顶点着色器代码示例

```glsl
precision mediump float;
attribute vec3 position;
attribute vec3 normal;
uniform mat3 normalMatrix;
uniform mat4 modelViewMatrix;
uniform mat4 projectionMatrix;
varying vec3 fNormal;
varying vec3 fPosition;
uniform float u_radius;
uniform float time;
varying vec2 vUv;

void main()
{
  fNormal = normalize(normalMatrix * normal);
  float delta=(sin(time*10.0)+1.0)/2.0;
  vec3 v=normalize(position)*u_radius;
  vec3 pos=mix(position,v,delta);

  gl_Position = projectionMatrix * modelViewMatrix * vec4(pos, 1.0);
}
```

【代码说明】

首先，代码定义了一些变量和 uniforms：

- position 和 normal 是顶点的位置和法线向量。
- normalMatrix 是一个 3×3 的矩阵，用于将顶点的法线向量转换为世界空间中的法线向量。
- modelViewMatrix 是一个 4×4 的矩阵，表示当前模型视图矩阵。
- projectionMatrix 是一个 4×4 的矩阵，表示当前投影矩阵。
- u_radius 是一个 uniform 变量，表示球体的半径。
- time 是一个 uniform 变量，表示时间。
- vUv 是一个 varying 变量，用于为片段着色器传递纹理坐标。

然后是片段着色器的主函数 main()，说明如下：

- fNormal 是将顶点的法线向量通过 normalMatrix 进行变换后得到的归一化法线向量。
- delta 是根据时间计算的一个偏移量，用于确定球体上的位置。
- v 是将顶点的位置向量乘以 u_radius 得到的单位向量。
- pos 是将顶点的位置向量与 v 进行混合运算，得到球体上的位置。混合运算是通过取顶点位置向量和单位向量的线性插值实现的。
- gl_Position 是最终计算出的每个像素的颜色和位置。它是通过将 projectionMatrix、modelViewMatrix 和变换后的顶点位置 pos 相乘得到的。

代码清单 2-2 Fragment.glsl 片段着色器代码示例

```
precision mediump float;
uniform float time;
varying vec3 fNormal;

void main() {
//normal 渐变色
gl_FragColor = texture2D( e_Texture, vUv );
gl_FragColor = vec4(vUv,0.0,1.);
gl_FragColor = vec4(vNormal,1.);
gl_FragColor = vec4(vec3(sin(time*10.0)*fNormal), 1.0);
}
```

【代码说明】

首先，代码定义了一些变量和 uniforms：

- time 是一个 uniform 变量，表示时间。

- fNormal 是一个 varying 变量，用于传递给片段着色器的法线向量。

然后是片段着色器的主函数 main()，说明如下：

- gl_FragColor = texture2D(e_Texture, vUv)：将纹理 e_Texture 的颜色数据采样到 vUv 纹理坐标对应的像素上，作为片段的颜色。

- gl_FragColor = vec4(vUv,0.0,1.)：设置片段的颜色为纯黑色（RGB 值为 0,0,1）。

- gl_FragColor = vec4(vNormal,1.)：将法线向量 vNormal 作为 Alpha 值，设置为片段的透明度，其他颜色分量为 1，实现法线渐变效果。

- gl_FragColor = vec4(vec3(sin(time*10.0)*fNormal), 1.0)：根据时间计算一个正弦值，乘以法线向量 fNormal，然后将结果作为片段的颜色分量之一，实现颜色随时间变化的动画效果。

使用 Shader 对模型进行着色变换的效果如图 2-13 所示。

图 2-13　使用 Shader 对模型进行着色变换的效果

2.5 小结

　　本章介绍了 MediaPipe 重要的组件及相关的用途。Calculator 是 MediaPipe 中的基本处理单元，它负责执行特定的多媒体处理任务。Calculator 可以接收输入的数据，并产生输出的数据。Calculator 可以被组合成复杂的多媒体处理流水线。

　　Graph 是由 Calculator 和数据连接构成的多媒体处理流水线。Graph 由一个或多个 Calculator 组成，并使用 Packet 连接这些 Calculator。Packet 是 MediaPipe 中的数据单元，可以包含各种多媒体数据，包括图像、视频、音频等。Graph 可以在运行时动态地添加或删除 Calculator，从而实现对多媒体处理流水线的动态调整。

Subgraph 是 Graph 的一个子集，它可以独立于整个 Graph 运行。Subgraph 可以被用于对复杂的 Graph 进行模块化，从而提高开发效率。

Stream 是 MediaPipe 中的数据流，它代表了 Calculator 之间的数据连接。Stream 可以是单向的，也可以是双向的。

Graphconfig 是 MediaPipe 中的配置文件，用于定义 Graph 的结构和行为。Graphconfig 可以使用各种文本格式，包括但不限于 JSON、Protocol Buffers 等。

同时也介绍了利用 GPU 高度并行化的特性同时处理大量数据，以及提供更高的运算能力，使得推理速度大大提升，以获取更好的用户体验。

第 3 章

MediaPipe Facemesh

 本章主要介绍 MediaPipe 关于 Facemesh 的使用，包括 Facemesh 的实现原理和应用场景，为读者介绍从零开始的数字体验。

3.1 Facemesh 简介

Facemesh（面部网格）是一种计算机视觉技术，用于检测和跟踪人脸的各个关键特征点，例如眼睛、鼻子、嘴巴等，创建一个三维网格模型，以便精确地表示和分析人脸的形状和动态。Facemesh 用于许多有趣的应用，如人脸滤镜、虚拟化妆、面部表情分析等。

Facemesh 是人脸 3D 模型的重塑，通常与面部追踪算法一起使用，可以使用各种面部特效来重建面部表情和动作。MediaPipe Facemesh 的解决方案是借助移动设备快速检测人脸 3D 关键点，其集成的 Facemesh 方案也支持单一的摄像头方案。

通过 Facemesh 可以实现高度互动的人脸识别应用，例如在社交媒体、AR 滤镜、虚拟现实和增强现实中的应用。

3.1.1 用于增强现实

AR（Augmented Reality，增强现实）提供了数字物品存在的载体，它提供了和现实世界中交互的可能性。早期的 AR 通过在真实的世界坐标中加入数字模型（比如在手机导航应用中添加 3D 箭头模型）来增强体验感。通常情况下，AR 的实现依赖于电子设备，比如智能手机或 AR 头盔眼镜等，这类 AR 技术有 Apple 的 Arkit、Android 的 ARCore 等开发套件。在使用场景方面，AR 广泛应用于游戏、零售、教育等领域，游戏领域流传最广的是 PokemonGo，零售领域有智能穿衣，在教育领域 AR 应用可以提高 App 的互动性和趣味性。

在增强现实（AR）领域，Facemesh 具有广泛的应用价值。例如，它可以用于虚拟人物的实时面部表情捕捉和模拟，使得虚拟角色能够根据真实用户的表情进行相应的反馈，从而增强交互体验。此外，根据一些研究，如 Attention Mesh，Facemesh 还可以用于三维人脸网格的预测，为用户提供更加真实的虚拟体验。

对于如何在 AR 中使用 Facemesh，可以参考以下步骤：

步骤 01 确保您已经正确安装了 MediaPipe 库和相关的依赖项。

步骤 02 使用 MediaPipe 提供的 API 或其他工具包来初始化 Facemesh，并获取面部特征点的坐标和信息。

步骤 03 根据获取到的面部特征点信息，可以在 AR 场景中定位用户的面部，并据此进行相应的渲染或交互操作。

3.1.2 用于 AR 滤镜

AR 滤镜依赖于 AR 技术，这是一种将虚拟数字模型展现在现实世界的方法，而常见的视频特效，如 App 中的 AR 滤镜大多是利用自拍镜来体现各种面部特效的。因此面部识别成为核心的必需功能，一旦面部被识别出来，数字模型（平面或 3D）会叠加在用户的面部或周围区域。早期的滤镜由于技术的限制，多采用 HOG（Histogram of Oriented Gradients，梯度方向直方图）和 Viola-Jones 算法，但这可能会遇到各种问题，比如面部识别不准、不能很好地贴合面部、使用烦琐等问题。近几年来，随着技术的发展，特别是机器学习和智能硬件的兴起，对面部的识别准确率和精度的要求越来越高，使得各种滤镜特效开始盛行。

Facemesh 的虚拟化身和滤镜可以通过制定虚拟化身 Avatar 来连接人物的动作，实现流媒体对话中的动作和表情迁移。通过面部关键点的形变使得滤镜组件很好地贴合面部或指定区域，从而完成 AR 滤镜的效果。

以下是如何在 AR 滤镜中使用 Facemesh 的步骤：

步骤 01 确保已经正确安装了 MediaPipe 库和相关的依赖项。

步骤 02 使用 MediaPipe 提供的 API 或其他工具包来初始化并运行 Facemesh。当应用启动时，可以打开摄像头并显示每一帧图像。

步骤 03 Facemesh 会实时估计面部的 468 个 3D 脸部界标，包括每个特征点的具体位置信息，如鼻子、额头、嘴的 X 和 Y 坐标。这些数据可以用来追踪用户面部的动作和表情。

步骤 04 根据获取到的面部特征点信息，可以在 AR 场景中定位用户的面部，并据此进行渲染或添加滤镜效果。

除了基础的面部特征点之外，还可以利用 MediaPipe 提供的其他组件，例如 AR Face Mesh Visualizer 和 Mesh Collider 等，以增强用户体验。例如，可以通过可视化展示面部网格结构或者进行射线检测等高级功能。

3.1.3 用于视频会议软件

MediaPipe 可用在常见的视频会议（Video Conference）软件中，目前主流的功能特性有 3 类，即场景自由化、功能丰富化、数据分享。其中场景自由化涉及虚拟背景人像分割算法，好的模型和算法可以精确高效地将人物从背景中分离出来，包含发丝部分，通过替换背景图片或视频，借助 MediaPipe 的输入输出流达到准实时效果。特别是在不方便显示真实场景的场合非常实用。

虚拟化身主要涉及 Facemesh 人脸 468 个 3D 标记点位，借助机器学习的方式来推断 3D 表面的几何形状。MediaPipe 内置了人脸面部的标记点估算，弥补了人脸关键点预估和实时 AR 应用之间的鸿沟。人脸几何数据包含通用的 3D 几何图元（Geometry Primitives），包含面部姿态转换矩阵和面部三角网格。对于大部分 3D 模型来说，都是通过构建不断细分的三角网络组成球体和多面体的，进而通过贴图实现各种复杂的形体展示（当然头发丝是例外，是通过 Spine 实现的）。

3.1.4 基于 MediaPipe 的美颜应用

常见的美颜特性有磨皮、牙齿美白、面部矫正以及虚拟化妆等。目前在市面上可以发现很多基于 MediaPipe 框架开发的应用，比如自拍特效类、实时修改头发颜色、实时更改视频背景以及手势和姿态识别各类应用。

3.2 实现虚拟化身（一）

虚拟化身是用户的数字代表或虚拟自我，它是用户在 VR 或在线虚拟世界中的可自定义的数字形象，通常代表用户自己或一个虚构的角色。用户可以选择虚拟化身的外貌、服装、发型等，并在虚拟世界中与其他用户互动。虚拟化身通常用于社交媒体游戏、虚拟现实游戏等场景。

前面我们提到了 AR 滤镜的流程和 MediaPipe Facemesh 的作用，这里我们来讲一下实现的步骤。由于 MediaPipe 的跨平台特性，可以支持 iOS、Android、Windows 以及边缘计算设备，同时可以支持 Python、JavaScript 等语言。这里使用 Python 来讲述面部滤镜（面部滤镜是虚拟化身的一种表现形式）的例子。

面部滤镜是一种 AR 技术，用于在用户的面部图像上叠加虚拟图形、特效或装饰，以改变他们的外貌或增加趣味性。这些滤镜可以是改变外观的特效，如狗狗耳朵、猫咪鼻子、太阳眼镜等，也可以是更复杂的虚拟化妆、面具或环境效果。社交媒体应用程序如 Snapchat 和 Instagram 广泛使用面部滤镜，使用户能够在拍照或录制视频时为自己的面部添加虚拟 元素。

3.2.1 构建工作环境

在实现虚拟化身效果之前，我们需要构建软件环境。具体来说，需要安装各类软件，包括 Python、OpenCV、NumPy 以及 MediaPipe 等。下面介绍具体的安装步骤。

1. 安装 Python 环境

（1）访问 Python 的官方网站，如图 3-1 所示。

（2）从官方网站下载适用于自己操作系统的最新 Python 安装程序，确保选择 Python 3.x 版本。

图 3-1　安装 Python 的界面

（3）运行下载的安装程序，并按照安装向导的指示操作，务必在安装过程中勾选 Add Python to PATH 选项，以便在命令行中使用 Python。

2. 安装 OpenCV 和 NumPy

（1）打开命令行终端或控制台。

（2）使用 pip 工具来安装 NumPy。在终端运行以下命令：

```
pip install numpy
```

（3）安装 OpenCV。在终端输入以下命令：

```
pip install opencv-python
```

OpenCV 作为跨平台的计算机视觉库，可用来开发图像处理、计算机视觉等程序，这里使用 OpenCV 进行视频和图片读取处理操作。

3. 安装 MediaPipe

通过 pip 来安装 MediaPipe。

安装 MediaPipe 的步骤如下：

（1）打开命令行终端或控制台。

（2）使用 pip 工具来安装 MediaPipe。在终端运行以下命令：

```
pip install mediapipe
```

这将安装 MediaPipe 库，允许用户在 Python 中使用其功能，包括面部特征检测、姿势估计等。

完成以上步骤后，用户的 Python 环境将配置好，并且成功安装 OpenCV、NumPy 和 MediaPipe 库，这使得用户可以轻松进行计算机视觉和图像处理操作，确保用户的 Python 环境以及所安装的库和依赖项都是新版本，以确保获得最佳性能和功能支持。

3.2.2 构建流程

图 3-2 给出了构建虚拟化身的具体流程。

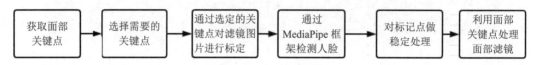

图 3-2 使用 MediaPipe 构建虚拟化身应用的流程图

分别说明如下。

1. 获取面部关键点

首先，通过使用面部检测技术（如 MediaPipe）捕获摄像头或图像中的面部，并检测出关键点的坐标。这些关键点通常包括眼睛、嘴巴、鼻子等部位的坐标。

2. 选择需要设置的关键点

在捕获到的关键点中，选择用户希望应用滤镜或特效的特定关键点。例如，可以选择眼睛、嘴巴或脸部轮廓等关键点。

3. 通过选定的关键点对滤镜图片进行标定

将所选的滤镜图像与已检测到的关键点对齐，以确保滤镜正确地覆盖在面部的目标位置。这通常涉及将滤镜图像缩放、旋转和平移以适应所选关键点的位置。

4. 通过 MediaPipe 框架检测人脸

使用 MediaPipe 或其他面部检测框架来定位和跟踪人脸的位置，以确保关键点的准确性。这有助于滤镜可以随着面部的移动而保持在正确的位置。

5. 对标记点做稳定处理

为了降低关键点的抖动或不稳定性，可以应用稳定处理算法，例如平滑滤波器或卡尔曼滤波器，以使关键点的移动更加平滑和自然。这有助于滤镜的稳定应用。

6. 利用面部关键点处理面部滤镜

将滤镜应用于选定的关键点，以实现所需的面部特效或滤镜效果，包括在眼睛上添加彩色阴影，或者在脸部轮廓上应用虚拟面部彩妆等。确保根据关键点的移动实时更新滤镜的位置和外观，以提供一致的视觉效果。

3.2.3　获取面部关键点

获取面部关键点是实现 Facemesh 的第一步，通过使用 MediaPipe 的 face_mesh 解决方案生成对应的 Facemesh，并且通过 face_landmarks 对识别出来的关键点的坐标进行标记。模型将处理输入图像并检测图像中的面部关键点。每个关键点都有一个特定的标识，如左眼、右眼、嘴巴等，如图 3-3 所示。

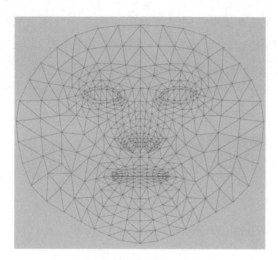

图 3-3　面部关键点示意图

这里我们通过配置 detection 和 tracking 的 confidence 来将参数传递给 Facemesh 方法，下述代码用于实现获取面部关键点的过程。

代码清单 3-1 获取面部关键点

```
import cv2
import mediapipe as mp

# 配置 Facemesh
mp_face_mesh = mp.solutions.face_mesh
face_mesh = mp_face_mesh.Facemesh(min_detection_confidence=0.5,
            min_tracking_confidence=0.5)
```

```
img = cv2.imread('face.jpg', cv2.IMREAD_UNCHANGED)
image = cv2.cvtColor(cv2.flip(img, 1), cv2.COLOR_BGR2RGB)
results = face_mesh.process(image)
```

【代码说明】

首先，导入了 cv2 和 MediaPipe 库。cv2 是 OpenCV 库的 Python 接口，用于图像处理和计算机视觉任务。

然后，通过 mp.solutions.face_mesh 创建了一个 Facemesh 对象，并使用 min_detection_confidence 和 min_tracking_confidence 参数进行配置。这些参数控制了人脸识别和跟踪的最低置信度阈值。

接着，使用 cv2.imread 函数读取名为 face.jpg 的图像文件，并将其存储在变量 img 中。cv2.IMREAD_UNCHANGED 参数表示保持图像的原始通道数不变。

接着，使用 cv2.cvtColor 函数将图像从 BGR 颜色空间转换为 RGB 颜色空间，以便进行后续处理。cv2.flip 函数用于水平翻转图像，参数为 1 表示在垂直方向上翻转。

最后，调用 face_mesh.process 方法对图像进行处理，并将结果存储在变量 results 中。该方法返回一个包含人脸网格数据的对象，可以用于进一步分析和处理。

请注意，上述代码中的路径 face.jpg 应替换为实际图像文件的路径。

可以通过下列代码获取任意标记点的坐标信息。

代码清单 3-2 获取面部关键点坐标

```
for id,landmark in enumerate(face_landmarks.landmark):
    h,w,c=image.shape
    x,y=int(landmark.x*w),int(landmark.y*h)
```

上述代码使用 Python 的 OpenCV 库处理人脸特征点。具体来说，它遍历了 face_landmarks.landmark 列表中的所有特征点，并对每个特征点的坐标进行转换。

【代码说明】

- for id, landmark in enumerate(face_landmarks.landmark)：是一个 for 循环，用于遍历 face_landmarks.landmark 列表。enumerate() 函数会返回每个元素的索引（id）和值（landmark）。
- h, w, c = image.shape：用于获取图像的高度、宽度和通道数。image.shape 返回一个元组，包含图像的高度、宽度和颜色通道数（如果图像是彩色的）。
- x, y = int(landmark.x * w), int(landmark.y * h)：将特征点的坐标从相对于图像大小的比例转换为绝对像素值。landmark.x 和 landmark.y 是特征点在图像上的相对位置，w 和 h 分别是图像的宽度和高度。int() 函数用于将浮点数转换为整数。

这里选用 nose_landmarks=[49,279,197,2,5] 这几个点位来确定需要在鼻子附近添加贴图的位置。Facemesh 输出完整的 mesh_map 点位说明，可以看出 [49,279,197,2,5] 处于鼻尖的位置，如图 3-4 所示。

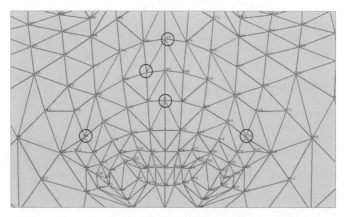

图 3-4 鼻尖部位关键点示意图

下面通过示例来实现一个通过 MediaPipe 实现关键点检测进而添加卡通鼻子的例子，读者可以根据不同部位的关键点添加不同材质的贴图。

示例 1：添加卡通鼻子，如果我们设置了鼻子的位置，通过选定鼻子部位的关键点坐标，使用对应的贴图便可实现类似的滤镜效果。完整例子代码如下：

代码清单 3-3 获取面部关键点并添加卡通鼻子

```
#0 是默认的第一个摄像头
cap = cv2.VideoCapture(0)
# 初始化时间，用于计算 FPS（每秒帧率）
previousTime = 0
currentTime = 0
with mediapipe_face.Facemesh(min_detection_confidence=0.5,
                        min_tracking_confidence=0.5) as face:
    while cap.isOpened():
        # 读取摄像头输入流
        ret,frame = cap.read()

        image=cv2.cvtColor(frame,cv2.COLOR_BGR2RGB) #converts an input image
                                        # from one color space to another
        image.flags.writeable=False           #image 对象不可写，减少内存占用
        results=face.process(image)
        image.flags.writeable=True            #image 对象重置成可写
        image=cv2.cvtColor(image,cv2.COLOR_RGB2BGR)     #OpenCV 色彩的顺序是 BGR
```

```
                                                    # 需要转换回来
    #print(results)

    try:
        landmarks=results.multi_face_landmarks.landmark
        print(landmarks)
    except:
        pass


    # 绘制检测的 landmark，results.multi_face_landmarks 是个 list
    if results.multi_face_landmarks:
        for face_landmarks in results.multi_face_landmarks:
                mediapipe_drawing.draw_landmarks(image,face_landmarks,
                mediapipe_face.FACE_CONNECTIONS,mediapipe_drawspec,
                mediapipe_drawspec)

    for id,landmark in enumerate(face_landmarks.landmark):

        h,w,c=image.shape
        x,y=int(landmark.x*w),int(landmark.y*h)
        if id ==nose_landmarks[0]:
            l_nose_x,l_nose_y=x,y
        if id ==nose_landmarks[1]:
            r_nose_x,r_nose_y=x,y
        if id==nose_landmarks[4]:
            c_nose_x,c_nose_y=x,y


        if id in nose_landmarks:
            cv2.putText(image,str(id),(x,y),cv2.FONT_HERSHEY_COMPLEX,
                        0.5,(0,0,0),1)

    nose_width = int(hypot(l_nose_x-r_nose_x,r_nose_y-r_nose_y))
    nose_height=int(nose_width*480/640)

    top_left=(int(c_nose_x-nose_width/2),int(c_nose_y-nose_height/2))
    bottom_right=(int(c_nose_x+nose_width/2),
                    int(c_nose_y+nose_height/2))

    nose_area=image[top_left[1]:top_left[1]+nose_height,top_left[0]:
                    top_left[0]+nose_width]

    print(nose_width,nose_height)
    if(nose_width and nose_height) != 0:
        new_nose=cv2.resize(image_nose,(nose_width,nose_height))

    new_nose_gray=cv2.cvtColor(new_nose,cv2.COLOR_BGR2GRAY)_,
                    nose_mask=cv2.threshold(new_nose_gray,25,255,
```

```
                cv2.THRESH_BINARY_INV)
non_nose = cv2.bitwise_and(nose_area,nose_area,mask=nose_mask)
out_nose=cv2.add(non_nose,new_nose)

image[top_left[1]:top_left[1]+nose_height,
        top_left[0]: top_left[0]+nose_width] = out_nose

# 计算 FPS
currentTime = time.time()
fps = 1 / (currentTime-previousTime)
previousTime = currentTime

# 在窗口显示 FPS
cv2.putText(image, str(int(fps))+" FPS", (10, 70),
                cv2.FONT_HERSHEY_COMPLEX, 1, (0,255,0), 2)

#打开窗口显示，y 轴翻转，适合自拍模式
cv2.imshow('Read camera',image) #image
cv2.imshow("nose",out_nose)        #imge_nose, nose_area,nose_mask, non_nose

# 关闭摄像头
if cv2.waitKey(5) &0xFF == ord('q'):
      break
cap.release()
cv2.destroyAllWindows()
```

设置卡通鼻子效果示意图，如图 3-5 所示。

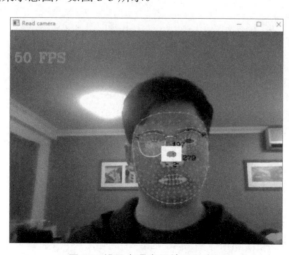

图 3-5 设置卡通鼻子效果示意图

上述代码使用 OpenCV（cv2）和 MediaPipe 库实时地从摄像头捕捉图像，检测人脸特征，并在检测到的鼻子位置覆盖一个鼻子图像。

【代码说明】

- cap = cv2.VideoCapture(0)：打开摄像头（默认为第一个摄像头，通常是前置摄像头）并创建一个视频捕捉对象 cap。

初始化计时器：

- previousTime = 0：用于记录前一帧的时间。
- currentTime = 0：用于记录当前帧的时间。
- with mediapipe_face.Facemesh(...)：创建一个人脸检测器对象，使用 MediaPipe 库的 Facemesh 模型。这个模型用于检测人脸关键点。
- 进入主循环 while cap.isOpened()，该循环会一直运行，直到用户按键盘上的 q 键，或者摄像头无法打开。
- ret, frame = cap.read()：读取来自摄像头的一帧图像，并将其存储在变量 frame 中。

图像处理：

转换图像颜色空间为 RGB。设置图像为只读，以减少内存占用。使用 Facemesh 模型处理图像，检测人脸关键点。然后将图像设置为可写。再次将图像颜色空间转换为 BGR（OpenCV 默认的颜色顺序）。

如果检测到人脸：通过循环遍历检测到的每个人脸，并绘制人脸的关键点。

获取鼻子的关键点坐标：

通过遍历人脸关键点，获取鼻子的左、右和中心位置的坐标。计算鼻子的宽度和高度，以及鼻子区域的位置。检测鼻子区域是否有效，如果有效，则将鼻子图像缩放到合适的大小。创建鼻子蒙版，将鼻子区域分离出来。用新的鼻子图像替换原图像中的鼻子区域。

计算并显示帧率（FPS）。使用 cv2.imshow 显示原图像以及替换后的鼻子区域。

如果用户按键盘上的 q 键，则跳出循环。最后，释放摄像头资源并关闭 OpenCV 窗口。

示例 2：卡通面具滤镜功能。

示例 1 总体上采用选择特定人脸部位，使用特定图片叠加的方式，显示方式比较平面，而且不大稳定。如果使用全脸滤镜，则需要进行额外的操作。这里我们选择一幅面具图片作为最后面部的贴图，为了更好地适配面部，需要对面部关键点进行标记。标记好的点位图如图 3-6 和图 3-7 所示。

这里我们选择需要进行贴合的 75 个关键点，分别对应面部的显著位置，比如眉毛、眼睛、鼻子、嘴唇以及下颌部位。给这些关键部位打标签会标记好对应的坐标位置，以便后续和 MediaPipe 识别出来的面部关键点对应位置进行映射，从而实现实时叠加的效果。

图 3-6　设置卡通面具关键点

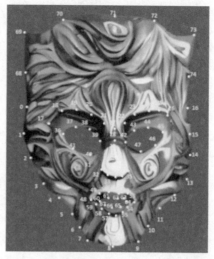

图 3-7　做好标记的卡通面具的 75 个关键点

这里采用上述的 75 点的点位顺序，设置完毕后，需要导出 Annotation 文件。

导出的 Annotation 文件格式如图 3-8 所示，其中 A 列代表 75 点（从 0 ～ 74）的顺序，B 和 C 列分别代表屏幕上图片的 x 和 y 轴坐标，D 列为图片文件名称，E 和 F 为图片分辨率（选用的面具样例分辨率为 340×450，这里可忽略这个信息）。

	A	B	C	D	E	F
1	0	14	184	mask1_prev	345	450
2	1	8	233	mask1_prev	345	450
3	2	22	279	mask1_prev	345	450
4	3	47	328	mask1_prev	345	450
5	4	77	354	mask1_prev	345	450
6	5	103	385	mask1_prev	345	450
7	6	118	409	mask1_prev	345	450
8	7	133	434	mask1_prev	345	450
9	8	183	445	mask1_prev	345	450
10	9	233	436	mask1_prev	345	450
11	10	251	406	mask1_prev	345	450
12	11	274	372	mask1_prev	345	450
13	12	303	347	mask1_prev	345	450
14	13	328	317	mask1_prev	345	450
15	14	334	272	mask1_prev	345	450
16	15	334	232	mask1_prev	345	450
17	16	329	184	mask1_prev	345	450
18	17	57	215	mask1_prev	345	450
19	18	82	191	mask1_prev	345	450
20	19	111	188	mask1_prev	345	450
21	20	139	197	mask1_prev	345	450
22	21	164	214	mask1_prev	345	450
23	22	205	213	mask1_prev	345	450
24	23	224	196	mask1_prev	345	450
25	24	252	189	mask1_prev	345	450
26	25	271	188	mask1_prev	345	450
27	26	288	197	mask1_prev	345	450
28	27	186	224	mask1_prev	345	450
29	28	186	246	mask1_prev	345	450
30	29	186	261	mask1_prev	345	450
31	30	187	277	mask1_prev	345	450
32	31	159	301	mask1_prev	345	450
33	32	172	310	mask1_prev	345	450
34	33	187	314	mask1_prev	345	450
35	34	201	313	mask1_prev	345	450
36	35	213	303	mask1_prev	345	450
37	36	85	234	mask1_prev	345	450

图 3-8　导出 75 个关键点标记文件示例

下面介绍主要函数的用途，并实现一个类似主流社交视频软件上的面具效果。

首先我们来获取面具需要贴合的兴趣点坐标。

代码清单 3-4 获取兴趣点坐标

```python
def getLandmarks(img):
    mediapipe_face = mp.solutions.face_mesh
    roi_keypoint_indices = [127, 93, 58, 136, 150, 149, 176, 148, 152, 377, 400,
                            378,379, 365, 288, 323, 356, 70, 63, 105, 66, 55,
                            285, 296, 334, 293, 300,168, 6, 195, 4, 64, 60, 94,
                            290, 439, 33, 160, 158, 173, 153, 144, 398, 385, 387,
                            466, 373, 380, 61, 40, 39, 0, 269, 270, 291, 321, 405,
                            17, 181,91, 78, 81, 13, 311, 306, 402, 14, 178, 162,
                            54, 67, 10, 297, 284, 389]

    h,w,c=image.shape
    with mediapipe_face.Facemesh(min_detection_confidence=0.5,
            min_tracking_confidence=0.5) as face:

        image=cv2.cvtColor(img,cv2.COLOR_BGR2RGB)       # 将输入图像从一种颜色空间
                                                         # 转换为另一种颜色空间
        image.flags.writeable=False                      # image 对象不可写，减少内存占用
        results=face.process(image)
        image.flags.writeable=True                       #image 对象重置成可写
        image=cv2.cvtColor(image,cv2.COLOR_RGB2BGR)      #OpenCV 色彩的顺序是 BGR
                                                         # 需要转换回来

        # 检测是否有面部检测出来
        try:
            landmarks=results.multi_face_landmarks.landmark
            print(landmarks)
        except:
            pass

        if results.multi_face_landmarks:
            for face_landmarks in results.multi_face_landmarks:
                values = np.array(face_landmarks.landmark)
                face_keypnts = np.zeros((len(values), 2))

                for idx,value in enumerate(values):
                    face_keypnts[idx][0] = value.x
                    face_keypnts[idx][1] = value.y

                # 转换成图片坐标点
```

```
        face_keypnts = face_keypnts * (w, h)
        face_keypnts = face_keypnts.astype('int')

        roi_keypnts = []
        # 如果在圈定的兴趣点范围内，将对应点的坐标存储在列表中
        for i in roi_keypoint_indices:
            roi_keypnts.append(face_keypnts[i])
        return roi_keypnts
    return 0
```

接下来加载 Annotation 文件（从导出的 CSV 获取），这里使用 Python 中的 csv 模块对文件进行读取。

代码清单 3-5 加载标定文件（annotation）

```
def load_annotation_landmarks(annotation_filename):
    with open(annotation_filename) as file:
        file_reader=csv.reader(file,delimiter=",")
        annotation_points={}
        for i,line in enumerate(file_reader):
            try:
                x,y=int(line[1]),int(line[2])
                annotation_points[row[0]]=(x,y)
            except ValueError:
                continue
        return annotation_points
```

上述代码定义了一个名为 load_annotation_landmarks 的函数，该函数用于加载注释中的标记点。代码说明如下：

首先，该函数接收一个参数 annotation_filename，表示注释文件的文件名。

在该函数内部，首先使用 open 函数打开注释文件，并使用 sv.reader 创建一个 CSV 文件读取器对象 file_reader，其中 delimiter="," 指定了 CSV 文件中的分隔符为逗号。

然后，创建了一个空字典 annotation_points，用于存储注释点的坐标信息。

接着，通过 enumerate(file_reader) 遍历 CSV 文件中的每一行数据。对于每一行数据，尝试将其第二个和第三个元素转换为整数类型，分别表示标记点的 x 坐标和 y 坐标。如果转换成功，则将该标记点的名称（第一行数据）作为键，坐标信息作为值，添加到 annotation_points 字典中。如果转换失败（出现 ValueError 异常），则跳过该行数据，继续处理下一行。

最后，该函数返回 annotation_points 字典，其中包含注释文件中所有标记点的名称和坐标信息。

接下来加载滤镜图片，获取 Alpha 通道。

代码清单 3-6 加载滤镜图片

```
def load_filter_img(img_path, alpha_flag):
    # 读取需要叠加的面具图片
    img = cv2.imread(img_path, cv2.IMREAD_UNCHANGED)
    # 如果有 Alpha 通道，则需要进行 split 处理，一般来说，我们认为图片是
    # 以 RGB(Red,Green,Blue) 的属性存储的
    # 但是 OpenCV 读取存储图片是按照反向的顺序 BGR（以 Blue、Green、Red 的顺序存储
    # 在 NumPy 中）读取的
    alpha = None
    if alpha_flag:
        b, g, r, alpha = cv2.split(img)
        img = cv2.merge((b, g, r))
    return img, alpha
```

为了使得面部贴图更好地贴合面部并且适应面部肌肉的运动，这里引入了德劳内三角化和凸包（Convex Hull）的概念。在数学和几何领域，凸包的定义为：在一个向量空间中，包含指定集合 X 的凸集的交集 S 被称作该向量空间的凸包。在图形学中，寻找图片中的凸包经常为找到物体最外层的凸集轮廓，比如获取手部的轮廓和获取面部有效区域的轮廓，以便根据兴趣点进行进一步的图形处理。获取凸包后的人脸图片示意图如图 3-9 所示。

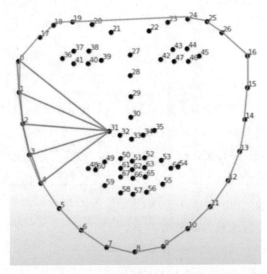

图 3-9 德劳内三角化示例

从图 3-9 可以看出，获取到了面部整体轮廓，接下来进行德劳内三角化。

德劳内三角化算法来源于鲍里斯·德劳内，他于 1934 年从事该领域的工作。数学上，德

劳内三角化是一种三角剖分方法 DT（P），并且 P 中没有任何点处于 DT（P）任何三角形外接圆的内部，从而最大化了三角剖分方法中的三角形最小角。三角形剖分问题指的是将平面中的一个多边形分割成若干三角形的问题。德劳内三角化算法的基本思想是通过对多边形的点进行划分，使得划分出来的三角形尽可能平衡。

德劳内三角化算法的具体流程如下：选择一个多边形内的点作为起始点。将起始点与多边形的边界点连接起来，形成一个初始三角形。对于剩余的点，将其与已有的三角形进行比较，如果该点在已有的三角形内部，则将该点作为新的三角形的顶点。重复上述步骤，直到所有的点都被划分到三角形中，图 3-8 体现了上述过程。

德劳内三角化算法的优点在于它可以快速生成平衡的三角形剖分，并且它的时间复杂度较低。

当我们获取到了人脸的德劳内三角和滤镜面具的德劳内三角，后面可以通过三点的仿射变换（Affine Transformations）进行对应三角面的替换，经过这样的处理后，人脸的贴合度更强，更能适应各种面部表情的变换。仿射变换包含常见的旋转、位移、缩放等几何变换，通过计算特征三角对应的面部区域和面具区域点的相似变换矩阵，应用到输入图片中，用面具图片替代原视频面部区域以达到贴合贴图的效果。

代码清单 3-7 应用变换

```
new_img = cv2.warpAffine(img1, tform, (frame.shape[1], frame.shape[0]))
```

上述代码使用 OpenCV 库中的 warpAffine 函数对图像进行仿射变换，即将原始图像 img1 按照给定的仿射变换参数 tform 进行变换，并将结果保存在 new_img 中。

【代码说明】

- new_img 是经过仿射变换后的输出图像，它将存储在内存中供后续处理或显示使用。
- img1 是输入的原始图像，通过 cv2.imread 或其他方式加载到内存中。
- tform 是一个 2×3 的矩阵，表示仿射变换的参数。该矩阵描述了在二维平面上对图像进行平移、旋转、缩放等操作的方式。
- frame.shape[1] 和 frame.shape[0] 分别表示目标图像的宽度和高度。这里假设 frame 是一个包含目标图像尺寸信息的变量或常量。

同时，结合光流法（Optical Flow），一种用来稳定相邻帧之间像素运动稳定的方法，估计图像中物体的运动。它通过分析连续帧图像之间的变化来估计物体在图像中的运动。光流法在计算机视觉、机器人等领域都有广泛的应用。通过预测由于运动或相机移动造成的观测目标或边缘的移动位移向量来提高面具特效的贴合度和稳定程度。光流法可以把问题归纳成检测图形像素点的强度随时间的变化推断移动方向和速度的方法。而光流估计的实现方法包含两大类，分别是稀疏和密度光流法。稀疏光流法侧重于关注的特征点，比如物体表面和边缘的像素点，而密度光流法关注某一帧的所有像素，侧重于全局有着更高的准确率。卢卡斯 - 卡纳德方法，即 Lucas-Kanade 光流法（LK 光流法）是使用最广泛的稀疏光流法之一，用于估计连续帧图像中物体运动的速度和方向。LK 光流法基于极几何（Epipolar Geometry）的原理用来解释两幅视图之间的内在射影关系，使用小窗口内的点对运动进行估计。它有如下假定，光流在像素点的领域是常量，接着构建基本的光流方程，使用最小平方法对领域中的像素点求解：

```
lk_params = dict(winSize=(100, 100), maxLevel=15,
criteria=(cv2.TERM_CRITERIA_EPS | cv2.TERM_CRITERIA_COUNT, 20, 0.002))
```

 Epipolar geometry 是计算机视觉和图像处理中的一个重要概念，主要用于描述两个摄像头或观察点之间的空间关系。在立体视觉、运动估计和 SLAM（Simultaneous Localization and Mapping，同时定位与地图构建）等领域有广泛应用。

 点对运动是指在一个平面上，两个点按照一定的规律进行移动。如果这两个点的移动轨迹是平行的，那么它们就是沿着一条直线进行运动；如果它们的移动轨迹是垂直的，那么它们就是沿着一条垂直线进行运动。因此，点对运动是正确的。

我们定义了一个 LK 光流法的参数，其中 winSize 表示每层金字塔搜索窗口，maxLevel 代表最大的金字塔层级。如果为 0，则代表一层，也就是没有使用金字塔方法；如果为 1，则代表两层金字塔；这里的 15 代表使用 16 级金字塔进行计算。参数 criteria 定义了迭代结束的标准：这个标准可以通过 maxCount 最大次数或者搜索窗口小于 criteria.epsilon 来事先定义，若符合上述条件，则迭代结束。

获取视频的第一帧。

```
ret, first_frame = cap.read()
```

上述代码使用 OpenCV 库中的 VideoCapture 类读取视频文件或摄像头的一帧图像，即读取视频文件或摄像头的当前帧图像，并将结果保存在 first_frame 变量中。同时，将读取结果的布尔值保存在 ret 变量中，供后续判断是否成功读取图像使用。

【代码说明】

● cap 是一个 VideoCapture 对象，通过 cv2.VideoCapture() 或其他方式创建并初始化，用于打开视频文件或连接摄像头。

- cap.read() 是 VideoCapture 对象的一个方法，用于读取视频文件中的下一帧图像或摄像头中的当前帧图像。该方法返回两个值：
  - ➤ ret 是一个布尔值，表示是否成功读取到图像。如果成功读取到图像，则 ret 为 True；否则为 False。
  - ➤ first_frame 是读取到的第一帧图像，以 NumPy 数组的形式存储在内存中。

转换成灰度图片，因为 LK 光流法只需要使用亮度通道来检测边缘部分，以便减少计算资源的消耗。

```
prev_gray = cv.cvtColor(first_frame, cv.COLOR_BGR2GRAY)
```

代码使用 OpenCV 库中的 cvtColor 函数将彩色图像转换为灰度图像，即将第一帧彩色图像 first_frame 转换为灰度图像，并将结果保存在 prev_gray 变量中供后续处理或显示使用。

【代码说明】

- prev_gray 是一个变量，用于存储转换后的灰度图像。
- first_frame 是一个以 BGR 颜色空间表示的彩色图像，可以通过之前的代码读取得到。
- cv.COLOR_BGR2GRAY 是一个常量，表示将 BGR 颜色空间的图像转换为灰度图像。

调用 OpenCV 中的 LK 光流法进行预测并进行姿态调整。

```
next, status, error = cv2.calcOpticalFlowPyrLK(prev_gray, gray, prev, None, **lk_params)
```

上述代码使用 OpenCV 库中的 calcOpticalFlowPyrLK 函数计算两幅灰度图像之间的光流，即计算当前帧图像和前一帧图像之间的光流，并将结果保存在 next、status 和 error 变量中供后续处理或显示使用。

【代码说明】

- next 是一个与 gray 大小相同的二维数组，表示当前帧图像中的特征点。它存储了光流计算的结果。
- status 是一个整数，表示函数执行的状态。如果返回值为 0，则表示计算成功；否则表示出现错误。
- error 是一个字符串，用于存储错误信息。如果计算成功，则该变量为空字符串；否则会包含具体的错误描述。
- prev_gray 和 gray 是两幅灰度图像，表示当前帧和前一帧的图像。它们都是通过之前的代码读取得到的。

- prev 是一个二维数组，表示前一帧图像中的特征点。这里假设 prev 已经在之前的代码中被提取出来。
- None 表示没有指定搜索窗口的大小，即使用默认值。
- lk_params 是一个字典，包含一些用于调节光流计算的参数。这些参数可以通过 **lk_params 的方式传递给函数。

整合起来的光流法实现代码如下。

代码清单 3-8 光流法实现代码

```
img2Grey = cv2.cvtColor(frame, cv2.COLOR_BGR2GRAY)

if isFirstflag:
    prev = np.array(points2, np.float32)
     prev_gray = np.copy(gray)
    isFirstflag = False
    lk_params = dict(winSize=(100, 100), maxLevel=15,
    criteria=(cv2.TERM_CRITERIA_EPS | cv2.TERM_CRITERIA_COUNT, 20, 0.001))
    next, status, error = cv2.calcOpticalFlowPyrLK(prev_gray, gray, prev,
                            np.array(points2, np.float32), **lk_params)
```

上述代码使用 OpenCV 库中的 **cvtColor** 函数将彩色图像转换为灰度图像，并使用 LK 光流法计算特征点的运动。

【代码说明】

- img2Grey = cv2.cvtColor(frame, cv2.COLOR_BGR2GRAY) 将彩色图像转换为灰度图像，并将结果保存在 img2Grey 变量中。
- frame 是一个以 BGR 颜色空间表示的彩色图像，可以通过之前的代码读取得到。
- isFirstflag 是一个布尔值，用于判断是不是第一次执行光流计算。如果 isFirstflag 为 True，则执行以下操作：
  - ➢ 将 points2 转换为 NumPy 数组，并将其数据类型设置为 np.float32，然后保存在 prev 变量中。
  - ➢ 复制 gray 数组到 prev_gray 变量中，作为第一帧灰度图像。
- 将 isFirstflag 设置为 False，表示已经进行了一次光流计算。
- 定义一个字典 lk_params，包含一些用于调节光流计算的参数。这些参数包括窗口大小、最大迭代次数、终止条件等。

- 调用 cv2.calcOpticalFlowPyrLK 函数进行光流计算，并将结果保存在 next、status 和 error 变量中。其中，prev_gray 和 gray 是前一帧和当前帧的灰度图像，prev 是前一帧的特征点，points2 是当前帧的特征点。

LK 光流法的优点在于其算法简单、实现方便，并且可以较好地处理图像噪声和少量的点缺失。但 LK 光流法也存在一些缺陷，例如对于运动较大或非线性运动的物体，可能会出现跟踪误差。图 3-10 显示了通过 LK 光流法实现虚拟面具的效果。

图 3-10　虚拟面具效果示例

3.3 实现虚拟化身（二）

本节介绍使用 JavaScript 编程结合 MediaPipe 等各类工具来实现类似的虚拟化身效果。

3.3.1 构建开发环境

我们先来介绍运行环境的安装。

本例需要的编程语言及工具如下：

- JavaScript：JavaScript 是一种通用的编程语言，用于在 Web 浏览器中实现交互性、动态性和功能性。它允许开发人员处理网页元素、数据交互、用户界面控制等，以创建各种 Web 应用程序。JavaScript 是一种编程语言，而不是库或框架，因此它提供了基本的编程能力，但需要其他库和框架来执行特定任务。

- Three.js：Three.js 是一个开源的 3D 图形库，用于创建和渲染 3D 场景和对象。Three.js 提供了许多工具和功能，使开发人员能够在 Web 浏览器中创建复杂的三维交互式场景、游戏、动画等。Three.js 提供了模型加载、相机控制、光照、材质、动画和渲染等功能，使开发人员可以轻松地处理 3D 图形。Three.js 不专注于人脸检测或面部关键点的功能，而是专注于 3D 图形渲染。

- Facemesh（MediaPipe Facemesh）：Facemesh 是 Google 的 MediaPipe 项目的一部分，它是一个用于人脸检测和面部关键点定位的机器学习模型。Facemesh 通过检测面部特征，如眼睛、嘴巴和鼻子，以及面部关键点的位置，使开发人员能够进行实时面部追踪和分析。Facemesh 可以用于实现面部滤镜、表情识别、面部姿势估计以及其他与面部特征相关的应用。Facemesh 不负责渲染 3D 图形，而是返回面部关键点的 2D 坐标，通常与图像或视频处理库（如 OpenCV）一起使用。

JavaScript 是一种通用编程语言，而 Three.js 是构建在 JavaScript 基础上的专门用于创建三维图形的库。开发人员可以使用 JavaScript 来编写应用程序，然后集成 Three.js 以实现复杂的三维图形渲染和交互性。

在我们使用 JavaScript 之前，需要安装 npm（npm 也可以用来安装 Three.js 等其他图形引擎）。要安装 npm，需要先安装 Node.js，通过访问网站 https://nodejs.org/en/download/ 选择操作系统对应的版本进行安装，如图 3-11 所示。

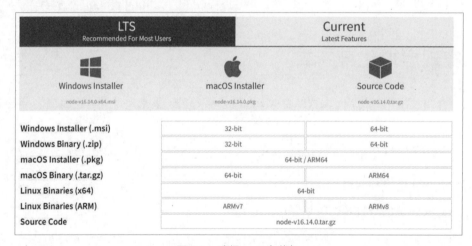

图 3-11 选择 npm 安装包

当我们安装好 JavaScript 环境后，便可以安装 Facemesh，进而通过 Three.js 结合 Facemesh 在指定的位置显示加载的模型或图片，从而实现虚拟化身的效果。

代码清单 3-9 安装 Facemesh

```
npm install  @mediapipe/face_mesh -g （g 代表全局目录 global）
npm install --save three -g
```

这里还需要安装 Webpack，Webpack 是一个模块打包工具，可以将多个文件打包成一个文件，便于开发人员管理和部署前端项目。安装 Webpack 之前，需要确保先安装好 Node.js

和 npm。接下来，在工程目录下执行命令 npm init 进行初始化，按照提示输入相关信息，完成后会生成 package.json 文件，添加如下内容：

```
"scripts": { "build": "webpack" }
```

添加系统环境变量 path = D:\nodejs_data\node_global：

```
NODE_PATH = D:\nodejs_data\node_global\node_modules
```

运行 npm run build 命令，查看是否能够编译成功。

3.3.2　构建虚拟化身特效

这里我们采用 JavaScript 编写特效代码，需要使用 MediaPipe 获取 Face Landmarks，另外引入了 Three.js 搭建 3D 场景和灯光，同时结合 Shader 编写各种特效。

首先我们来搭建 Three.js 开发环境。Thress.js 作为一款跨浏览器的脚本，借助 WebGL，可通过 JavaScript 函数库在浏览器中创建和展现 3D 图形，并且借助丰富的 API 方便开发人员创建和操作 3D 场景。Three.js 的主要功能包含：

- 渲染 3D 图形：Three.js 可以在浏览器中渲染 3D 图形，并支持各种 3D 几何体，如立方体、球体、圆柱体等。
- 加载 3D 模型：Three.js 可以加载各种 3D 模型文件，包括 OBJ、STL、FBX 等。
- 灯光效果：Three.js 支持多种类型的灯光，如点光源、聚光灯、平行光等，可以调整灯光的颜色、强度和方向。
- 材质和贴图：Three.js 可以为 3D 模型设置各种材质，如纹理、颜色、光泽度等，并支持使用贴图。
- 同时可以操纵模型的旋转、平移、缩放进行动画创作。

Three 可以通过 npm 来进行安装，命令为 npm install three，并且通过简单的 import 引入需要的函数。

代码清单 3-10 引入 Three.js 库

命令如下：

```
import * as THREE from 'three'
```

或者

```
import * as THREE from 'https://cdn.skypack.dev/three@<version>';
```

Three.js 包含以下几个重要的概念和元素：首先是场景 Scene，场景是创建和运行 Three.js 对象的重要元素，也是放置各种对象、灯光和摄像机组件的基本环境。可以通过 Scene() 来初始化场景对象。

代码清单 3-11 初始化场景

```
const scene = new THREE.Scene()
```

接着我们在场景中定义一个摄像机对象。通常来说，创建摄像机时有透视投影（Perspective Projection）和正交投影（Orthographic Projection）两种不同的投影方式。透视投影方式会根据距离物体的远近确定投影后物体的尺寸，即距离观察者越远看起来尺寸越小，类似地，距离观察者越近看起来尺寸越大。而正交投影方式不受物体的距离影响，会将物体的大小保持恒定不变，即投影后的物体大小是一样的，不受物体与观察者的距离影响。两者都是将三维空间坐标转换成二维坐标的方式。如图 3-12 所示。

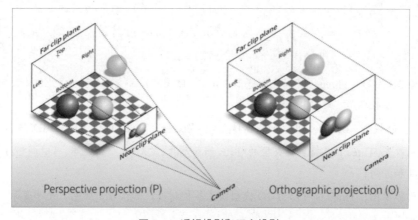

图 3-12 透视投影和正交投影

这里选择透视摄像机，它是模仿人眼看物体的方式，并且是用来渲染 3D 场景的常见的摄像机类型。THREE.PerspectiveCamera 包含 4 个参数。第 1 个参数是 fov，代表可视角度，从底部到顶部的视角，默认是 50 度，这里我们定义了 75 度。第 2 个参数为场景的长宽比，经常用画布（Canvas）的宽度除以高度，默认是 1，代表正方形画布。第 3 个和第 4 个参数分别代表相机到近景面的距离（near）和到远景面的距离（far），一般来说，到相机的距离介于 near 和 far 之间并且角度在 fov 之内，才会被摄像机覆盖到。

代码清单 3-12 初始化摄像机对象

```
const camera = new THREE.PerspectiveCamera(75, sizes.width / sizes.height, 0.1,
1000)
```

```
camera.position.set(500, 500, 500); // 设置相机位置
```

接下来我们来初始化一个 3D 物体并添加到场景中，这里选择 SphereBufferGeometry 来创建一个球体，与 SphereGeometry 不同的是，SphereBufferGeometry 缓冲几何体的性能更高，因为 Three.js 在渲染时需要先将 SphereGeometry 转换成 SphereBufferGeometry，再提取对应的顶点信息进行渲染。直接使用 SphereBufferGeometry 可减少步骤，提高性能。

代码清单 3-13 初始化 3D 物体对象

```
geometry = new THREE.BoxGeometry( 100,100, 100 );
const material = new THREE.MeshStandardMaterial()
material.metalness=0.7
material.roughness=0.2
material.color = new THREE.Color(0x2194ce)
mesh = new THREE.Mesh( geometry, material )
scene.add( mesh )
```

上述代码使用了 Three.js 库创建一个立方体网格模型，并将其添加到场景中，以便进行渲染。

【代码说明】

首先，通过 new THREE.BoxGeometry(100, 100, 100) 创建了一个立方体的几何体对象，该对象表示一个长方体，其长度、宽度和高度分别为 100 个单位。

然后，使用 new THREE.MeshStandardMaterial() 创建了一个标准材质对象，该对象用于定义立方体的外观。

接着，通过设置 material.metalness = 0.7 将材质的金属度设置为 0.7，这意味着立方体表面将具有一些金属质感。

接着，通过设置 material.roughness = 0.2 将材质的粗糙度设置为 0.2，这会使得立方体表面更加凹凸不平。

接着，通过 new THREE.Color(0x2194ce) 创建了一个颜色对象，该对象表示一种绿色（RGB 值为 (43, 208, 238)），并使用该颜色作为立方体的材质颜色。

最后，通过 new THREE.Mesh(geometry, material) 创建了一个网格对象，该对象表示立方体的实际网格，其中 geometry 是几何体对象，material 是材质对象。然后将该网格对象添加到场景中，以便在渲染时显示出来。

最后我们来定义渲染器，以及绑定场景和摄像机。我们会得到一个如图 3-13 所示的球体，它将出现在浏览器中。到了这个环节，Three.js 的搭建和测试已经完成，接下来开始整合 MediaPipe 获取人脸关键点。

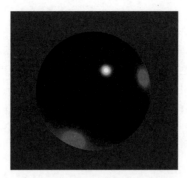

图 3-13 在 Three.js 中渲染一个球体

代码清单 3-14 定义渲染器

```
const renderer = new THREE.WebGLRenderer({
    canvas: canvas,
    alpha:true
})
renderer.setSize(sizes.width, sizes.height)
renderer.setPixelRatio(Math.min(window.devicePixelRatio, 2))
```

上述代码创建了一个 WebGL 渲染器对象，并设置了渲染器的画布、透明度、尺寸和像素比例。

【代码说明】

首先，通过 new THREE.WebGLRenderer({canvas: canvas, alpha:true}) 创建了一个 WebGL 渲染器对象，并将其值赋给变量 renderer。该构造函数接收一个配置对象作为参数，其中 canvas 表示要渲染到的画布元素，alpha 设置为 true 表示启用透明度。

然后，通过 renderer.setSize(sizes.width, sizes.height) 设置渲染器的尺寸为 sizes.width 和 sizes.height，其中 sizes 是一个包含宽度和高度属性的对象。

最后，通过 renderer.setPixelRatio(Math.min(window.devicePixelRatio, 2)) 设置渲染器的像素比例。这里使用了 Math.min 函数来确保像素比例不会超过 2，即最大支持 2 倍的缩放。这样可以在不同设备上获得更好的图形渲染效果。

我们需要先引入 TensorFlow.js 和 MediaPipe 相关库，从而获取面部关键点以便进一步处理。

这里为了整合 MediaPipe 和 Three，会用到 Three.js 的一些高级功能，包含加载器（Loader）、控制器（Control）以及后期特效（Post-Processing）等，它们位于 jsm 目录下。在使用的时候需要被引入。

代码清单 3-15 定义 MediaPipe 的参数

```
<script src="./node_modules/@mediapipe/camera_utils/camera_utils.js" >
    </script>
<script src="./node_modules/@mediapipe/control_utils/control_utils.js" >
    </script>
<script src="./node_modules/@mediapipe/drawing_utils/drawing_utils.js" >
    </script>
<script src="./node_modules/@mediapipe/face_mesh/face_mesh.js" ></script>
```

上述代码创建了一个场景对象，并在场景中添加了一个透视相机。相机的位置可以通过修改 camera.position 来调整。

【代码说明】

首先，通过 new THREE.Scene() 创建了一个场景对象，并将其赋值给变量 scene。该构造函数创建一个空的场景，可以用于添加物体和相机等。

然后，通过 new THREE.PerspectiveCamera(fov, aspect, near, far) 创建了一个透视相机对象，并将其值赋给变量 camera。该构造函数接受 4 个参数：视场角度（FOV）、宽高比、近裁剪面和远裁剪面。这里使用了默认的参数值，可以根据需要进行调整。

接着，通过 camera.position.set(x, y, z) 设置相机的位置为 (x, y, z)，其中 x、y 和 z 是浮点数。这将相机放置在场景中的某个位置。

最后，通过 scene.add(camera) 将相机添加到场景中，以便在渲染时使用。

代码清单 3-16 定义 MediaPipe 的参数

```
const solutionOptions = {
  selfieMode: true,
  enableFaceGeometry: false,
  maxNumFaces: 1,
  refineLandmarks: false,
  minDetectionConfidence: 0.5,
  minTrackingConfidence: 0.5
};
```

上述代码定义了一个名为 solutionOptions 的对象，该对象包含一些用于人脸检测和跟踪的选项。

【代码说明】

● selfieMode：设置为 true 表示使用自拍模式进行人脸检测和跟踪。在自拍模式下，只会检测并跟踪相机所拍摄到的人脸。

- enableFaceGeometry：设置为 false 表示禁用人脸几何信息的输出。这意味着不会返回人脸的位置、大小等几何信息。

- maxNumFaces：设置为 1 表示只检测和跟踪最多一个人脸。如果设置为 0，则表示检测和跟踪所有人脸。

- refineLandmarks：设置为 false 表示不优化人脸特征点。这可能会导致检测到的特征点不够准确。

- minDetectionConfidence：设置为 0.5 表示只有当人脸检测结果的置信度大于或等于 0.5 时才会返回结果，低于该阈值的结果将被忽略。

- minTrackingConfidence：设置为 0.5 表示只有当人脸跟踪结果的置信度大于或等于 0.5 时才会返回结果，低于该阈值的结果将被忽略。

这些选项可以根据具体需求进行调整，以便在人脸检测和跟踪过程中获得更好的效果。

代码清单 3-17 Landmark 相关绘制代码

```
function onResults(results: mpFacemesh.Results): void {
  // Hide the spinner
  document.body.classList.add('loaded');

  // Update the frame rate
  fpsControl.tick();

  // Draw the overlays
  canvasCtx.save();
  canvasCtx.clearRect(0, 0, canvasElement.width, canvasElement.height);
  canvasCtx.drawImage(
      results.image, 0, 0, canvasElement.width, canvasElement.height);
  if (results.multiFaceLandmarks) {
    for (const landmarks of results.multiFaceLandmarks) {
      drawingUtils.drawConnectors(
          canvasCtx, landmarks, mpFacemesh.FACEMESH_TESSELATION,
          {color: '#C0C0C070', lineWidth: 1});
      drawingUtils.drawConnectors(
          canvasCtx, landmarks, mpFacemesh.FACEMESH_RIGHT_EYE,
          {color: '#FF3030'});
      drawingUtils.drawConnectors(
          canvasCtx, landmarks, mpFacemesh.FACEMESH_RIGHT_EYEBROW,
          {color: '#FF3030'});
      drawingUtils.drawConnectors(
          canvasCtx, landmarks, mpFacemesh.FACEMESH_LEFT_EYE,
          {color: '#30FF30'});
```

```
    drawingUtils.drawConnectors(
        canvasCtx, landmarks, mpFacemesh.FACEMESH_LEFT_EYEBROW,
        {color: '#30FF30'});
    drawingUtils.drawConnectors(
        canvasCtx, landmarks, mpFacemesh.FACEMESH_FACE_OVAL,
        {color: '#E0E0E0'});
    drawingUtils.drawConnectors(
        canvasCtx, landmarks, mpFacemesh.FACEMESH_LIPS, {color: '#E0E0E0'});
         if (solutionOptions.refineLandmarks) {
    drawingUtils.drawConnectors(
        canvasCtx, landmarks, mpFacemesh.FACEMESH_RIGHT_IRIS,
        {color: '#FF3030'});
    drawingUtils.drawConnectors(
        canvasCtx, landmarks, mpFacemesh.FACEMESH_LEFT_IRIS,
        {color: '#30FF30'});
      }
    }
  }
  canvasCtx.restore();
}
const faceMesh = new mpFacemesh.Facemesh(config);
faceMesh.setOptions(solutionOptions);
faceMesh.onResults(onResults);
```

上述代码使用函数 onResults 接收一个类型为 mpFacemesh.Results 的参数 results。

【代码说明】

首先，通过调用 document.body.classList.add('loaded') 将网页的加载状态设置为已加载。

然后，调用 fpsControl.tick() 来更新帧率。

接着，使用 canvasCtx.save() 保存当前的绘图状态，并使用 canvasCtx.clearRect(0, 0, canvasElement.width, canvasElement.height) 清除画布上的内容。

使用 canvasCtx.drawImage(results.image, 0, 0, canvasElement.width, canvasElement.height) 在画布上绘制人脸图像。

如果 results.multiFaceLandmarks 存在，表示有多个人脸关键点，则遍历每个人脸关键点，并使用 drawingUtils.drawConnectors 函数绘制连接线和关键点之间的连线。

如果 solutionOptions.refineLandmarks 为真，还会绘制右眼和左眼的内眼角（Iris）关键点之间的连线。

最后，使用 canvasCtx.restore() 恢复之前保存的绘图状态。

此外，代码还创建了一个名为 facemesh 的新实例，并调用 setOptions 方法设置了选项，然后调用 onResults 方法并将 onResults 函数作为参数传递进去。

接下来编写 Shader、vertexShader.glsl.js 和 fragmentShader.glsl.js 部分的代码。

代码清单 3-18 Shader 导入引用

```
import vShader from './shaders/vertexShader.glsl.js';
import fShader from './shaders/fragmentShader.glsl.js';
vertexShader.glsl.js:
```

上述代码导入了两个着色器文件，分别是顶点着色器（vertexShader）和片段着色器（fragmentShader）。

【代码说明】

- import vShader from './shaders/vertexShader.glsl.js'; 这行代码导入了一个名为 vShader 的变量，它包含一个顶点着色器的源代码。'./shaders/vertexShader.glsl.js' 是该着色器文件的路径。

- import fShader from './shaders/fragmentShader.glsl.js'; 这行代码导入了一个名为 fShader 的变量，它包含一个片段着色器的源代码。'./shaders/fragmentShader.glsl.js' 是该着色器文件的路径。

代码清单 3-19 顶点着色器代码

```
const vertexShader = `
uniform float time;
varying vec2 vUv;
varying vec3 vPosition;
varying vec3 vNormal;
varying vec2 pixels;

void main()
{
    vUv=uv;
    vNormal=normal;
    gl_Position= projectionMatrix * modelViewMatrix * vec4(position,1.0);
    //gl_Position = projectionMatrix * viewMatrix * modelMatrix * vec4( position,
1.0 );
}

export default vertexShader
fragmentShader.glsl.js
```

上述代码定义了一个名为 vertexShader 的常量，它包含一个 WebGL 顶点着色器的源代码。

【代码说明】

- uniform float time;：这是一个 uniform 变量，用于在顶点着色器中传递时间值。它被声明为 time，可以在后续的渲染过程中使用。
- varying vec2 vUv;：这是一个 varying 变量，用于从顶点着色器传递纹理坐标到片段着色器。它被声明为 vUv，可以在后续的渲染过程中使用。
- varying vec3 vPosition;、varying vec3 vNormal;、varying vec2 pixels;：这些也是 varying 变量，用于从顶点着色器传递顶点位置、法线和像素坐标到片段着色器。它们分别被声明为 vPosition、vNormal 和 pixels。
- void main();：这是顶点着色器的主要函数，其中的代码会在每次渲染时执行。
- vUv=uv;：将纹理坐标赋值给 vUv。
- vNormal=normal;：将法线赋值给 vNormal。
- gl_Position= projectionMatrix * modelViewMatrix * vec4(position,1.0);：这是计算最终的模型视图投影矩阵（Model View Projection Matrix）的结果，并将其值赋给 gl_Position。这里使用了 projectionMatrix、modelViewMatrix 和 position 这三个变量，它们是在其他地方定义的 WebGL 变量。

最后，该代码导出了 vertexShader 常量，以便在其他模块中使用。

代码清单 3-20 片段着色器代码

```
const fragmentShader =
uniform float time;
    uniform float progress;
    uniform vec4 resolution;
    varying vec2 vUv;
    varying vec3 vPosition;
    varying vec3 vNormal;
    uniform sampler2D e_Texture;
    float PI = 3.14159265358979323846;
    uniform mat3 normalMatrix;


    vec4 permute(vec4 x){return mod(((x*34.0)+1.0)*x, 289.0);}
    vec4 taylorInvSqrt(vec4 r){return 1.79284291400159 - 0.85373472095314 * r;}
    vec4 fade(vec4 t) {return t*t*t*(t*(t*6.0-15.0)+10.0);}
}

    void main() {

        // 金属扭曲质感
```

```
/*
            float diff = dot(vec3(1.),vNormal);
            float phi = acos(vNormal.y);
            float angle = atan(vNormal.x,vNormal.z);

            float fresnel = abs(dot(cameraPosition,vNormal));
            //fresnel = fresnel * fresnel * fresnel;
            vec2 newFakeUV = vec2((angle+PI)/(2.*PI),phi/PI);
            vec2 fakeUV = vec2(dot(vec3(1),vNormal),dot(vec3(-1.,0.,1.),vNormal));
            //fakeUV = abs(fakeUV);
            //fakeUV = fract (fakeUV + vec2(time/4.,time/20.));
            vec4 txt = texture2D(e_Texture,newFakeUV + 0.2*cnoise(vec4(fakeUV*5.,
                                           time/100.,0.),vec4(5.)));
            gl_FragColor = vec4(mix(vec3(1.),txt.rgb,fresnel),1.);

            gl_FragColor = vec4(fakeUV,0.0,1.);
            gl_FragColor = txt;

*/
            gl_FragColor = texture2D( e_Texture, vUv );
            gl_FragColor = vec4(vUv,0.0,1.);
            gl_FragColor = vec4(vec3(sin(time*10.0)*normalize(normalMatrix *
                     vNormal)), 1.0);


    }
```

【代码说明】

- uniform float time;：这是一个 uniform 变量，用于在片段着色器中传递时间值。它被声明为 time，可以在后续的渲染过程中使用。

- uniform float progress;：这是一个 uniform 变量，用于在片段着色器中传递进度值。它被声明为 progress，可以在后续的渲染过程中使用。

- uniform vec4 resolution;：这是一个 uniform 变量，用于在片段着色器中传递分辨率值。它被命名为 resolution，可以在后续的渲染过程中使用。

- varying vec2 vUv;、varying vec3 vPosition;、varying vec3 vNormal;：这些是 varying 变量，用于从顶点着色器传递纹理坐标、顶点位置和法线到片段着色器。它们分别被声明为 vUv、vPosition 和 vNormal。

- uniform sampler2D e_Texture;：这是一个 uniform 变量，用于在片段着色器中传递纹理采样器。它被命名为 e_Texture，可以在后续的渲染过程中使用。

- float PI = 3.14159265358979323846;：这是一个常量，用于存储圆周率的值。

- uniform mat3 normal Matrix;：这是一个 uniform 变量，用于在片段着色器中传递法线矩阵。

3.4　实现美颜特性

在 MediaPipe 中，很容易实现美颜特性。

可以使用常见的滤镜 Filter 通过 LUT（Lookup Table，查找表）来实现美颜效果（Skin-Tone Effect）。结合 Shader 的使用，我们可以通过对目标区域的计算达到美颜等效果。

这里简单介绍一下 LUT 的概念，学过 Photoshop 或摄影的人一定知道调色的概念。而在计算机的概念中，通过查询操作而不是经过复杂的计算，LUT 被引入用来替代查询时的数组等，从而提高运行速度。而在调色的概念中，LUT 是一种转换图片色彩和色调的文件格式，通过建立源和表目标状态的值映射，实现照片风格的迁移。

根据不同的应用场景和需求，LUT 可以分为以下几类：

- 1D LUT（一维查找表）：是一种简单的查找表，它将一个输入值映射到一个输出值。这种类型的 LUT 通常用于实现简单的颜色校正或图像转换效果，例如用来调节对比度和简单的色差平衡调节。

- 2D LUT（二维查找表）：是一种更复杂的查找表，它将一个二维输入值映射到一个二维输出值。这种类型的 LUT 通常用于实现更复杂的颜色校正或图像转换效果，例如模拟胶片效果或艺术风格，以及色彩校正等，是色彩校正前后的效果示意。

- 3D LUT（三维查找表）：是一种更复杂的查找表，它将一个三维输入值映射到一个三维输出值。这种类型的 LUT 通常用于实现更精细的颜色校正或图像转换效果，例如调整肤色或改善对比度，将色彩和亮度放到 3D 空间中，用来同时转换 3 个颜色通道（R、G、B）等，如图 3-14 所示。

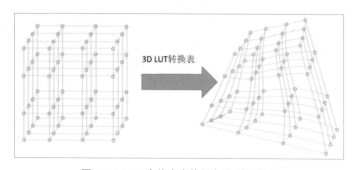

图 3-14　LUT 查找表变换颜色通道示意图

在 Adobe 和其他类似的调色编辑软件中，比较常见的是色彩校正或者渐变 LUT，这类文件通常是 .cube 或 .lut 格式的。

LUT 查找表颜色滤镜对人物肤色调整的效果如图 3-15 所示。

图 3-15 LUT 查找表颜色滤镜对人物肤色调整的效果（右图为调整后）

这里列出调整肤色或头发效果的一般步骤。

（1）为所需的肤色效果创建一个 LUT。这可以通过创建一个三维矩阵 LUT 来完成，其中每个元素代表一个给定的输入颜色所需的输出颜色。矩阵的尺寸取决于 LUT 的分辨率。例如，一个 256×256×256 的 LUT 将有 256 个红（R）、绿（G）、蓝（B）通道的值。常见的 3D LUT 的格式有 .cube 格式，这是一种文本格式的 .cube 文件，其主要的文件结构如下：

```
LUT_3D_SIZE 16
DOMAIN_MIN 0.0 0.0 0.0
DOMAIN_MAX 1.0 1.0 1.0
0.157159 0.157159 0.157159
0.168271 0.156578 0.156578
0.253988 0.170845 0.170845
0.322861 0.167988 0.167988
0.381222 0.159955 0.159955
0.431717 0.151063 0.151063
```

其中，LUT_3D_SIZE 代表 LUT 文件的大小，在这里表示有 16×16×16 行数字用来表示映射关系。DOMAIN_MIN 和 DOMAIN_MAX 分别代表颜色空间取值的最小值和最大值。这里取值均为 0 和 1。接下来就是 16×16×16 = 4096 行数组，常见的 3D LUT 的尺寸有 16、32、64 几种。输入色彩通过差值的方式找到 LUT 表中对应的目标颜色。

（2）将 LUT 加载到图像处理软件或程序中，这将允许你将 LUT 应用到图像上。这里使用 Python 读入 LUT 文件，我们使用 from pillow_lut 中的 load_cube_file 函数来读取 .cube 文件。

代码清单 3-21 引入 pillow_lut 函数包

```
from pillow_lut import load_cube_file
```

（3）选择你想应用肤色或发色效果的图像区域，这里可以借助 MediaPipe 的模型推理功能，首先载入头发分割的模型，然后根据图形掩码（Mask）区分出头发区域。

（4）将 LUT 应用于图像的选定区域。LUT 将根据其中的数值来改变该区域的颜色。根据输出的结果选择头发部分，然后对这部分图片（我们感兴趣的区域）应用 LUT 来进行改色。

代码清单 3-22 ROI 区域应用 LUT

```
lut = load_cube_file("01_LUTs.cube")
im = Image.open("image.jpg")
key_width = int(hypot(l_nose_x-r_nose_x,r_nose_y-r_nose_y))
key_height=int(nose_width*480/640)
top_left=(int(c_x-key_width /2),int(c_nose_y-key_height/2))
bottom_right=(int(c_x+key_width /2),int(c_nose_y+key_height/2))
nose_area=image[top_left[1]:top_left[1]+nose_height,top_left[0]:top_left[0]+nose_
width]
im.filter(lut).save("image-with-lut-applied.png")
```

上述代码的作用是将一幅图片应用一个查找表（LUT）进行颜色调整，并将结果保存为新的图片文件。

【代码说明】

首先，通过 load_cube_file("01_LUTs.cube") 加载了一个名为 01_LUTs.cube 的立方体贴图文件，该文件包含用于颜色调整的映射关系。

然后，使用 Image.open("image.jpg") 打开了一幅名为 image.jpg 的图片文件，并将其赋值给变量 im。

接着，根据给定的参数计算了关键区域的宽度和高度。key_width 是通过计算鼻子区域的水平和垂直距离得到的，而 key_height 则是根据鼻子区域的宽度和期望的高度比例计算得到的。

接着，通过给定的参数计算出关键区域的左上角和右下角坐标，分别赋值给 top_left 和 bottom_right 变量。

接着，从原始图片中提取出关键区域的部分，即以 top_left 为左上角、nose_width 和 nose_height 为宽高的区域，并赋值给变量 nose_area。

最后，通过调用 im.filter(lut) 将查找表应用于原始图片，实现了颜色调整的效果。然后使用 save("image-with-lut-applied.png") 将调整后的图片保存为名为 "image-with-lut-applied.png" 的文件。

（5）根据需要调整肤色或发色效果的强度。通常可以通过调整 LUT 的不透明度、使用图层蒙版或其他混合工具将转换后的图像与原始图像混合来完成，如图 3-16 所示。

图 3-16 LUT 查找表颜色滤镜对头发改色效果示意图

3.5 虚拟背景的 Python 实现

本节介绍在 MediaPipe 中结合 Python 编程实现虚拟背景的方法。

目前市面上虚拟背景变换的应用很广泛，包含主流聊天和短视频工具的软件可以支持背景更换，通过在视频聊天或会议中，将参会者的背景通过虚拟的环境图片变换成在海边或其他环境场景中。总体来说，实现方式是通过算法进行实时抠图，将人物本体从背景中分离出来，并且更换指定的背景图片，或者将原有的背景进行虚化，融合目前的视频流，从而实现虚拟背景的效果。

MediaPipe 的模型已经集成了虚拟背景的解决方案，可以通过调用 solution.selfi_segmentation 来实现，我们通过将图片作为输入传递到 selfi_segmentation 方法内，人像分割的掩码（Mask）对象会作为该方法的返回结果。

代码清单 3-23 定义 MediaPipe 的参数

```
import mediapipe as mp
m_selfie_segmentation = mp.solutions.selfie_segmentation
segmentation = m_selfie_segmentation.SelfieSegmentation(model_selection=0)
```

上述代码使用了 MediaPipe 库中的 selfie_segmentation 模块，并创建了一个 SelfieSegmentation 对象。

【代码说明】

- import mediapipe as mp：导入 MediaPipe 库并将其命名为 mp。

- m_selfie_segmentation=mp.solutions.selfie_segmentation：从 MediaPipe 库中获取 selfie_segmentation 模块，并将其赋值给变量 m_selfie_segmentation。

- segmentation = m_selfie_segmentation.SelfieSegmentation(model_selection=0)：使用 m_selfie_segmentation 模块中的 SelfieSegmentation 类创建一个对象 segmentation。该类的构造函数接受一个参数 model_selection，这里传递的值为 0。

代码清单 3-24 定义分割掩码

```
condition = np.stack((segmentation_mask,) * 3, axis=-1)>0.05
```

上述代码的作用是将输入的分割掩码（segmentation_mask）转换为一个三维布尔数组，表示每个像素是否大于 0.05。这里指定 threshold 为 0.05，通常来说，threshold 越大，人像分割的精度越高。

> 提示　threshold 是一个阈值，用于将某个值或范围划分为两个不同的类别或状态。在计算机科学和数据分析中，threshold 常用于图像处理、信号处理、机器学习等领域。例如，在图像处理中，可以将灰度值大于某个阈值的像素视为黑色，小于该阈值的像素视为白色；在机器学习中，可以将某个特征的取值大于某个阈值的样本分为一类，小于该阈值的样本分为另一类。

这里我们将背景颜色设置成（255,182,193），BackGround_COLOR=（255,182,193）。

代码清单 3-25 定义背景色

```
output_img = np.where(condition, img[:, :, ::-1], BackGround_COLOR)
plt.imshow(output_img)
```

通过 np.where 对合成图片的前景和背景进行指定，img[:, :, ::-1] 实现对色彩空间从 RGB 到 BRG 的转换，最后一个参数指定了背景的颜色为蓝色。该代码执行后的结果如图 3-17 所示。

当然，我们也可以针对背景进行模糊处理，这里调用 cv2 的高斯模糊方法，高斯模糊是一种常用的图像模糊方法，它使用一个高斯卷积核来对图像进行模糊处理。高斯卷积核是一个矩阵，它的每个元素都是高斯函数的值。高斯模糊的效果是使图像的边缘变得更加平滑，同时保留图像的细节。

Python 的 OpenCV 中提供了 cv2.GaussianBlur() 函数来对图像进行高斯模糊。该函数有以下三个必需的参数：

- src：要进行模糊处理的图像，必须是单通道或三通道的 8 位图像。
- ksize：高斯卷积核的大小，必须是奇数。
- sigmaX：高斯函数在 X 方向的标准差。

此外，该函数还有一个可选参数 sigmaY，表示高斯函数在 Y 方向的标准差。如果不指定该参数，则默认使用与 sigmaX 相同的值。

代码清单 3-26 高斯模糊处理定义

```
cv2.GaussianBlur(frame, (55, 55), 0)
```

上述代码使用 OpenCV 库中的 GaussianBlur 函数对输入的图像进行高斯模糊处理，以平滑图像并减少噪声。

【代码说明】

- frame：表示输入的图像帧，可以是一幅彩色或灰度图像。
- (55, 55)：表示高斯核的大小，这里为 55×55 像素。高斯核是一个二维矩阵，用于在卷积操作中对图像进行滤波。
- 0：表示高斯核的标准差，这里设为 0 意味着将根据核大小自动计算标准差。

高斯模糊是一种常用的图像平滑技术，通过将每个像素的值替换为其周围像素值的加权平均值来减少噪声和细节。高斯核越大，平滑效果越差；高斯核越小，平滑效果越好。

代码清单 3-27 高斯模糊处理输出

```
if bg_image is None:
        bg_image = np.zeros(frame.shape, dtype=np.uint8)

output_image = np.where(condition, frame, bg_image)
plt.imshow(output_img)
```

上述代码的作用是根据给定的条件，对输入的图像帧 frame 进行条件判断和替换，并将处理后的图像显示出来。

【代码说明】

- if bg_image is None：这是一个条件语句，检查变量 bg_image 是否为 None。如果为 None，则执行下面的代码块。
- bg_image = np.zeros(frame.shape, dtype=np.uint8)：如果 bg_image 为 None，这行代码会创建一个与 frame 形状相同的全零数组，数据类型为 np.uint8（表示无符号 8 位整数），并将其赋值给 bg_image。
- output_image = np.where(condition, frame, bg_image)：使用 np.where 函数根据给定的条件 condition 对 frame 进行判断和替换。如果 condition 为 True，则将 frame 中的对应像素值保留；如果 condition 为 False，则将 bg_image 中的对应像素值填充到输出图像中。这样就实现了根据条件对图像进行替换的效果。
- plt.imshow(output_img)：使用 Matplotlib 库的 imshow 函数显示处理后的图像 output_image。

高斯模糊处理后的效果如图 3-18 所示。

代码清单 3-28 更换背景图片

```
ou_img = np.where(condition, img[:, :, ::-1], bk_img[:, :, ::-1])
fig = plt.figure(figsize = (15, 15))
plt.axis('off')
plt.imshow(ou_img)
```

上述代码的作用是根据给定的条件，对输入的图像进行条件判断和替换，并将处理后的图像显示出来。

【代码说明】

- ou_img = np.where(condition, img[:, :, ::-1], bk_img[:, :, ::-1])：使用 np.where 函数根据给定的条件 condition 对输入的图像 img 进行判断和替换。如果 condition 为 True，则将 img 中的对应像素值反转颜色后保留；如果 condition 为 False，则将 bk_img 中的对应像素值反转颜色后填充到输出图像中。这样就实现了根据条件对图像进行替换的效果。

- fig=plt.figure(figsize = (15, 15))：用于创建一个新的图形窗口，并设置其大小为 15×15 英寸。

- plt.axis('off')：关闭图形窗口的坐标轴显示。

- plt.imshow(ou_img)：使用 Matplotlib 库的 imshow 函数显示处理后的图像 ou_img。

更换背景后的效果如图 3-19 所示。

图 3-17 提取人像前景图　　　图 3-18 高斯模糊处理后的人像图　　图 3-19 更换背景处理后的人像图

3.6 虚拟背景的 Android 实现

各种移动 App 应用是目前的热点，可能有读者会问，MediaPipe 可以和目前的主流移动平台进行整合吗？答案是肯定的，这里我们通过虚拟背景的 Android 完整实现来介绍这种应用。

3.6.1 构建开发环境

本例在 Linux 平台（Mac）下进行开发，这里先介绍 Mac 环境下如何安装 MediaPipe 框架，使用前面介绍的 Docker 方式安装即可。接下来介绍如何编译一个 Android 工程。

作为开发和编译 Android 工程的先决条件，这里首先安装 Android 的 NDK 和 SDK。

（1）安装 Android Studio。打开官方网站（https://developer.android.com/studio），选择 Mac 版本进行下载，如图 3-20 所示。

图 3-20　Android Studio 下载页面

（2）安装 Android NDK。通过官方网站（https://developer.android.com/ndk/downloads4）下载 Android NDK，并配置环境变量 ANDROID_NDK_HOME 到 NDK 的安装目录，如图 3-21 所示。

平台	软件包	大小（字节）
Windows 64 位	android-ndk-r25b-windows.zip	467422601
Mac	android-ndk-r25b-darwin.dmg	1270031870
Linux 64 位 (x86)	android-ndk-r25b-linux.zip	530975885

图 3-21　Android NDK 下载页面

（3）下载 MediaPipe 源码，并执行下列命令安装配置 SDK 和 NDK：

```
bash ./setup_android_sdk_and_ndk.sh
```

（4）执行下列代码编译示例对象检测应用：

```
bazel build -c opt --config=android_arm64 mediapipe/examples/android/src/
java/com/google/mediapipe/apps/objectdetectiongpu:objectdetectiongpu
```

输出结果如下：

```
INFO: Build options --compilation_mode, --cpu, --crosstool_top, and 4 more have
changed, discarding analysis cache.
INFO: Analyzed target //mediapipe/examples/android/src/java/com/google/mediapipe/
apps/objectdetectiongpu:objectdetectiongpu (108 packages loaded, 11187 targets
configured).
INFO: Found 1 target...
Target //mediapipe/examples/android/src/java/com/google/mediapipe/apps/ objectdet
ectiongpu:objectdetectiongpu up-to-date:
    bazel-bin/mediapipe/examples/android/src/java/com/google/mediapipe/apps/
objectdetectiongpu/objectdetectiongpu_deploy.jar
    bazel-bin/mediapipe/examples/android/src/java/com/google/mediapipe/apps/
objectdetectiongpu/objectdetectiongpu_unsigned.apk
    bazel-bin/mediapipe/examples/android/src/java/com/google/mediapipe/apps/
objectdetectiongpu/objectdetectiongpu.apk
INFO: Elapsed time: 258.998s, Critical Path: 139.10s
INFO: 9 processes: 8 processwrapper-sandbox, 1 worker.
INFO: Build completed successfully, 10 total actions
```

这里介绍一下 build 文件的结构，要在 Android 中使用 MediaPipe，需要引入 MediaPipa 的框架，我们在 mediapipe/examples/android/src/java/com/google/mediapipe/apps/ 中创建一个新的文件夹，比如 test，在 test 中创建一个 build 文件。在 cc_binary 部分加入对 libmediapipe_jni.so 的引用，接着加入 cc_library 规则，对 libmediapipe_jni.so 进行引用以定义相关的依赖关系。

代码清单 3-29 cc_library 规则定义

```
cc_binary(
    name = "libmediapipe_jni.so",
    linkshared = 1,
    linkstatic = 1,
    deps = [
        "//mediapipe/java/com/google/mediapipe/framework/
            jni:mediapipe_ framework_jni",
    ],
)

cc_library(
    name = "mediapipe_jni_lib",
```

```
    srcs = [":libmediapipe_jni.so"],
    alwayslink = 1,
)
```

上述代码用于构建一个名为 libmediapipe_jni.so 的共享库和一个名为 mediapipe_jni_lib 的静态库。

【代码说明】

- cc_binary 是一个用于构建二进制文件的规则，这里构建的是共享库。
  - ➤ name = "libmediapipe_jni.so"：指定生成的共享库的名称为 libmediapipe_jni.so。
  - ➤ linkshared = 1：表示链接方式为共享库。
  - ➤ linkstatic = 1：表示链接方式为静态库。
  - ➤ deps = ["//mediapipe/java/com/google/mediapipe/framework/jni:mediapipe_framework_jni"]：指定依赖的其他规则，这里是另一个名为 mediapipe_framework_jni 的规则。
- cc_library 是一个用于构建库的规则，这里构建的是静态库。
  - ➤ name = "mediapipe_jni_lib"：指定生成的静态库的名称为 mediapipe_jni_lib。
  - ➤ srcs = [":libmediapipe_jni.so"]：指定静态库的源文件为之前构建的共享库 libmediapipe_jni.so。
  - ➤ alwayslink = 1：表示总是链接到该库，即使它没有被直接使用。

同时，增加对当前 "//mediapipe/graphs/portrait_segmentation:mobile_calculators" calculator 的引用。calculator 中定义了 MediaPipe 处理的主要逻辑，而且和 MediaPipe Graph 中的 pbtxt 格式不同的是，需要将其转换成 binarypb 类型。

```
assets = [
    "//mediapipe/graphs/portrait_segmentation:mobile_gpu.binarypb",
    "//mediapipe/models:portrait_segmentation.tflite",
    "//mediapipe/calculators/image/testdata:buildings.jpg",
],
```

这里需要注意的是，需要额外定义从 pbtxt 到 binarypb 类型的转换。我们需要切换到 /mediapipe/mediapipe/graphs/portrait_segmentation 文件夹，该文件夹下包含这部分的定义。mediapipe_binary_graph build 文件根据相关规则定义相关参考文件以及相关输入输出。这里输出为 mobile_gpu.binarypb。

代码清单 3-30 build 文件的内容

```
licenses(["notice"])
```

```
package(default_visibility = ["//visibility:public"])
cc_library(
    name = "mobile_calculators",
    deps = [
        "//mediapipe/calculators/core:flow_limiter_calculator",
        "//mediapipe/calculators/core:previous_loopback_calculator",
        "//mediapipe/calculators/image:image_transformation_calculator",
        "//mediapipe/calculators/image:recolor_calculator",
        "//mediapipe/calculators/image:set_alpha_calculator",
        "//mediapipe/calculators/tflite:tflite_converter_calculator",
        "//mediapipe/calculators/tflite:tflite_custom_op_resolver_ calculator",
        "//mediapipe/calculators/tflite:tflite_inference_calculator",
        "//mediapipe/calculators/tflite:tflite_tensors_to_segmentation_ calculator",
        "//mediapipe/gpu:gpu_buffer_to_image_frame_calculator",
        "//mediapipe/gpu:image_frame_to_gpu_buffer_calculator",
    ],
)
cc_library(
    name = "desktop_calculators",
    deps = [
        "//mediapipe/calculators/core:flow_limiter_calculator",
        "//mediapipe/calculators/core:previous_loopback_calculator",
        "//mediapipe/calculators/image:image_transformation_calculator",
    ],
)
mediapipe_binary_graph(
    name = "mobile_gpu_binary_graph",
    graph = "portrait_segmentation.pbtxt",
    output_name = "mobile_gpu.binarypb",
    deps = [":mobile_calculators"],
)
```

上述代码用于构建一个名为 mobile_gpu_binary_graph 的二进制图（Binary Graph）的脚本。这个二进制图包含一些计算节点，这些节点用于处理图像和视频数据。

【代码说明】

首先，通过 licenses(["notice"]) 声明许可证为 MIT（Massachusetts Institute of Technology，麻省理工学院）许可证。

然后，使用 package(default_visibility = ["//visibility:public"]) 设置了包的默认可见性为公共。

接着，定义了两个 cc_library 库，分别命名为 mobile_calculators 和 desktop_calculators。这两个库都依赖于其他库中的计算器节点。例如，mobile_calculators 依赖于 mediapipe/calculators/core、mediapipe/calculators/image 等库中的计算器节点。

最后，定义了一个 mediapipe_binary_graph 规则，用于生成二进制图。这个规则指定了以下参数。

- name：二进制图的名称为 mobile_gpu_binary_graph。
- graph：二进制图的输入文件为 portrait_segmentation.pbtxt。
- output_name：生成的二进制文件的名称为 mobile_gpu.binarypb。
- deps：二进制图依赖于 mobile_calculators 库。

完整的 build 文件如图 3-22 所示。

```
package(default_visibility = ["//visibility:private"])

cc_binary(
    name = "libmediapipe_jni.so",
    linkshared = 1,
    linkstatic = 1,
    deps = [
        "//mediapipe/graphs/object_detection:mobile_calculators",
        "//mediapipe/java/com/google/mediapipe/framework/jni:mediapipe_framework_jni",
    ],
)

cc_library(
    name = "mediapipe_jni_lib",
    srcs = [":libmediapipe_jni.so"],
    alwayslink = 1,
)

android_binary(
    name = "objectdetectiongpu",
    srcs = glob(["*.java"]),
    assets = [
        "//mediapipe/graphs/object_detection:mobile_gpu.binarypb",
        "//mediapipe/models:ssdlite_object_detection.tflite",
        "//mediapipe/models:ssdlite_object_detection_labelmap.txt",
    ],
    assets_dir = "",
    manifest = "//mediapipe/examples/android/src/java/com/google/mediapipe/apps/basic:AndroidManifest.xml",
    manifest_values = {
        "applicationId": "com.google.mediapipe.apps.objectdetectiongpu",
        "appName": "Object Detection",
        "mainActivity": "com.google.mediapipe.apps.basic.MainActivity",
        "cameraFacingFront": "False",
        "binaryGraphName": "mobile_gpu.binarypb",
        "inputVideoStreamName": "input_video",
        "outputVideoStreamName": "output_video",
        "flipFramesVertically": "True",
        "converterNumBuffers": "2",
    },
    multidex = "native",
    deps = [
        ":mediapipe_jni_lib",
        "//mediapipe/examples/android/src/java/com/google/mediapipe/apps/basic:basic_lib",
    ],
)
```

图 3-22 完整的 build 文件结构示意图

类似地，在 Android 代码中添加对 binarypb 的引用，这里的 BINARY_GRAPH_NAME 就是之前我们定义的 binarypb 的名称。

```
AndroidAssetUtil.initializeNativeAssetManager(this);
eglManager = new EglManager(null);
processor =
        new FrameProcessor(
                this,
                eglManager.getNativeContext(),
                BINARY_GRAPH_NAME,
                INPUT_VIDEO_STREAM_NAME,
                OUTPUT_VIDEO_STREAM_NAME);

rgbHandler = new RGBHandler();
processor.setOnWillAddFrameListener(rgbHandler);

processor.getVideoSurfaceOutput().setFlipY(FLIP_FRAMES_VERTICALLY);
PermissionHelper.checkAndRequestCameraPermissions(this);
```

上述代码用于 Android 应用中视频处理的初始化过程。

【代码说明】

- AndroidAssetUtil.initializeNativeAssetManager(this);：调用了 AndroidAssetUtil 类的 initializeNativeAssetManager 方法，该方法用于初始化原生资源管理器。这里的 this 表示当前 Activity 对象。

- eglManager = new EglManager(null);：创建了一个 EglManager 对象，并将其赋值给变量 eglManager。EglManager 类用于管理 OpenGL ES 的上下文和渲染操作。

- processor = new FrameProcessor(this, eglManager.getNativeContext(), BINARY_GRAPH_NAME, INPUT_VIDEO_STREAM_NAME, OUTPUT_VIDEO_STREAM_NAME);：创建了一个 FrameProcessor 对象，并将其赋值给变量 processor。FrameProcessor 类用于处理视频帧，包括读取输入视频流、执行推理操作和输出结果视频流。

- rgbHandler = new RGBHandler();：创建了一个 RGBHandler 对象，并将其赋值给变量 rgbHandler。RGBHandler 类用于处理 RGB 图像数据。

- processor.setOnWillAddFrameListener(rgbHandler);：将 rgbHandler 设置为 processor 的监听器，当新的视频帧即将被添加到处理器时，会触发 rgbHandler 的回调方法。

- processor.getVideoSurfaceOutput().setFlipY(FLIP_FRAMES_VERTICALLY);：获取 processor 的视频输出表面，并设置垂直翻转标志为 True，即在渲染视频帧时，将图像上下翻转。

- PermissionHelper.checkAndRequestCameraPermissions(this);：调用了 PermissionHelper 类的 checkAndRequestCameraPermissions 方法，用于检查并请求相机权限。这里的 this 表示当前 Activity 对象。

另一种 Android 使用 MediaPipe 的方式是采用 Android Archive Library(aar) 格式。切换到 examples/android/src/java/com/google/mediapipe/apps 目录下，新建 buid_aar 文件夹并且在里面新建 build 文件。

```
load("//mediapipe/java/com/google/mediapipe:mediapipe_aar.bzl","mediapipe_aar")

mediapipe_aar(
    name = "background_blending",
    calculators = ["//mediapipe/graphs/background_blending:mobile_calculators"],
)
```

上述代码使用 Bazel 构建系统加载一个名为 mediapipe_aar.bzl 的 build 文件，并调用其中的 mediapipe_aar 函数。这个函数用于创建一个名为 background_blending 的目标，该目标依赖于 //mediapipe/graphs/background_blending:mobile_calculators 模块。

【代码说明】

- load("//mediapipe/java/com/google/mediapipe:mediapipe_aar.bzl", "mediapipe_aar")：使用 Bazel 的 load 函数加载名为 //mediapipe/java/com/google/mediapipe:mediapipe_aar.bzl 的 build 文件。mediapipe_aar 是该文件中定义的一个函数，用于创建和管理 MediaPipe AAR（Android Archive）库。

- mediapipe_aar：调用了之前加载的 mediapipe_aar 函数，开始创建一个新的目标。

- name = "background_blending"：为新创建的目标指定了一个名称，即 background_blending。

- calculators = ["//mediapipe/graphs/background_blending:mobile_calculators"]：指定了新创建的目标所依赖的计算器模块。在这个例子中，它依赖于 //mediapipe/graphs/background_blending:mobile_calculators 模块。

-)：表示 mediapipe_aar 函数结束。

接着执行下列命令：

```
bazel build -c opt --fat_apk_cpu=arm64-v8a,armeabi-v7a \
//mediapipe/examples/android/src/java/com/google/mediapipe/apps/build_
aar:background_blending
```

上述命令使用 Bazel 构建工具来编译和构建一个 Android APK（应用程序安装包）。

【命令说明】

- bazel build：这是 Bazel 构建命令，用于构建目标。

- -c opt：这是一个构建选项，表示使用优化模式进行构建。

- --fat_apk_cpu=arm64-v8a,armeabi-v7a：这是一个构建选项，指定了生成的 APK 支持的 CPU 架构。这里指定了 ARM64 架构（arm64-v8a）和 ARM 架构（armeabi-v7a），这意味着生成的 APK 可以在这两种架构的设备上运行。

- //mediapipe/examples/android/src/java/com/google/mediapipe/apps/build_aar:background_blending：这是要构建的目标。它指定了源代码目录、目标名称以及要构建的模块。在这个例子中，目标是名为 background_blending 的模块，位于 //mediapipe/examples/android/src/java/com/google/mediapipe/apps/build_aar 目录下。

等待片刻，会发现在 bazel-bin/mediapipe/examples/android/src/java/com/google/mediapipe/apps/buid_aar 目录下生成了 AAR 文件。

需要注意的是，生成 AAR 文件和生成 binarypb 文件用到的 build 命令不同。bazel build -c opt mediapipe/graphs/background_blending:mobile_gpu_binary_graph 这个命令会在 /mediapipe/bazel-bin/mediapipe/graphs/background_blending/ 目录下生成 mobile_gpu.binarypb 文件。

通过查看 Dockerfile 可以得出 Docker 安装方式和本机类似，安装了必备的 Python Package 以及 Bazel 编译环境。

```
RUN pip3 install six==1.14.0
RUN pip3 install tensorflow==1.14.0
RUN pip3 install tf_slim

RUN ln -s /usr/bin/python3 /usr/bin/python

# 安装 Bazel
ARG BAZEL_VERSION=3.4.1
RUN mkdir /bazel && \
    wget --no-check-certificate -O /bazel/installer.sh "https://github.com/
bazelbuild/bazel/releases/download/${BAZEL_VERSION}/b\
azel-${BAZEL_VERSION}-installer-linux-x86_64.sh" && \
    # wget --no-check-certificate -O  /bazel/LICENSE.txt "https://raw.
githubusercontent.com/bazelbuild/bazel/master/LICENSE" && \
    chmod +x /bazel/installer.sh && \
    /bazel/installer.sh  && \
    rm -f /bazel/installer.sh

COPY . /mediapipe/

# 如果希望 Docker 镜像包含预构建的 object_detection_offline_demo 二进制文件，
```

```
# 需要执行以下操作
# RUN bazel build -c opt --define MEDIAPIPE_DISABLE_GPU=1 mediapipe/examples/
desktop/demo:object_detection_tensorflow_demo
```

上述代码用于在 Docker 容器中安装和配置一些软件包。

【代码说明】

- RUN pip3 install six==1.14.0：使用 pip3（Python 3 的包管理器）安装 six 库的 1.14.0 版本。

- RUN pip3 install tensorflow==1.14.0：使用 pip3 安装 TensorFlow 库的 1.14.0 版本。

- RUN pip3 install tf_slim：使用 pip3 安装 tf_slim 库。

- RUN ln -s /usr/bin/python3 /usr/bin/python：创建一个符号链接，将 /usr/bin/python3 链接到 /usr/bin/python，使得 Python 3 可以作为默认的 Python 解释器。

- ARG BAZEL_VER SION=3.4.1：定义一个参数 BAZEL_VERSION，其值为 3.4.1。这个参数将在后面的代码中用于指定 Bazel 的版本。

- RUN mkdir /bazel && \：创建一个名为 /bazel 的目录。

- wget --no-check-certificate -O /bazel/installer.sh "https://github.com/bazelbuild/bazel /releases/download/${BAZEL_VERSION}/bazel-${BAZEL_VERSION}-installer-linux-x86_64.sh"：从指定的 URL 下载 Bazel 的安装脚本，并将其保存到 /bazel/installer.sh。

- chmod +x /bazel/installer.sh && \：给 /bazel/installer.sh 添加可执行权限。

- /bazel/installer.sh && \：运行 /bazel/installer.sh 脚本，以安装 Bazel。

- rm -f /bazel/installer.sh：删除 /bazel/installer.sh 文件。

- COPY . /mediapipe/：将当前目录下的所有文件复制到 /mediapipe 目录。

- # RUN bazel build -c opt --define MEDIAPIPE_DISABLE_GPU=1 mediapipe/examples/desktop/demo:object_detection_tensorflow_demo：这是一个被注释掉的命令，它使用 Bazel 构建 mediapipe/examples/desktop/demo 模块中的 object_detection_tensorflow_demo 目标，并禁用 GPU。

3.6.2 视频背景特效的实现

我们这里介绍一个在主流视频软件中常见的视频背景特效，该特效的核心功能是人像分割。人像分割是计算机视觉领域的一个重要问题，在视频软件中也常常用来实现视频背景特效。常用的人像分割方法包括前景背景分割、边缘检测等。边缘检测是指通过检测图像中的边缘信息来将前景物体从背景中分离出来。常用的边缘检测算法包括 Canny 边缘检测和 Sobel 边缘检测。而前景背景分割是指通过学习视频中的背景模型来将前景物体（如人像）

从背景中分离出来。常用的前景背景分割算法包括基于混合高斯模型的背景减除（如 MOG2 算法）和基于神经网络的前景背景分割算法等。将人像从背景中分离开来，用其他图片代替视频帧中原有的背景达到背景替换的效果。如何实时精确地分割视频中人像的前景和背景，并且在通话情景中保持流畅成为这类功能成功的关键。从而低功耗、低时延、高性能成为考量这类应用的指标。

首先来介绍人像背景分离的问题，常见的人像背景分离是 Portrait Segmentation 获得前景和背景的掩码算法，通过机器学习算法结合大量的训练数据集对模型进行训练，这里采用 Mobilenetv3 作为 Backbone 的 PortraitNet，这是一种典型的 UNet 结构。

通过 Freeze 训练后的模型，再经过量化处理并转换成 tflite 格式，以便适配 MediaPipe 的推理框架。通常情况下，神经网络会有比较多的网络深度，网络节点数呈现越来越多的趋势，模型的体积和资源占用也成倍增加，特别是对移动设备手机，嵌入式组件有着一定的挑战。如果想要在移动设备上、低功耗中低配置的网络设备上运行，就需要对模型进行加速，这种加速往往是通过模型压缩来实现的。这里我们采用的模型是 tflite 格式的，该格式通过对 MobilenetV3 模型进行量化并放入 MediaPipe 框架中使用。

构建一个虚拟背景更换的 App，核心部分是通过 MediaPipe 的框架构建符合预期的 Graph，这部分的操作步骤如下。

步骤 01　创建一个虚拟背景更换的 Graph 目录，命令为 mkdir mediapipe/graphs/backgroundblending。这里沿用发型分割 hair_segmentation 的代码设定进行调整，将 mediapipe/graphs/hair_segmentation 的内容复制到 backgroundblending 目录下，并且新建 backgroundblending.pbtxt 文件。

步骤 02　针对 backgroundblending.pbtxt 文件作出如下修改。

（1）在 Graph 中添加图片的 input_stream -"input_video_2"：

```
input_stream: "input_video"
input_stream: "input_video_2"
```

（2）添加一个 PacketClonerCalculator，用于静态图片和视频流输入的同步，而 input_video (throttled_input_video) 作为驱动的 Stream，输出结果是同步后的图片 Packet。

```
node {
  calculator: "PacketClonerCalculator"
  input_stream: "input_video_2"
  input_stream: "throttled_input_video"
  # 这里应该用 throttled_input_video 来驱动，而不是初始的 input_video
```

```
      output_stream: "input_video_2_cloned"
      input_stream_handler {
        input_stream_handler: "ImmediateInputStreamHandler"
      }
   }
```

（3）需要将 Imageframe 转换成 GPUbuffer 类型的输入。MaskOverlayCalculator 通常需要以 GPUbuffer 为输入，这里我们添加一个 ImageFrameToGpuBufferCalculator，将 ImageFrame 转换成 GPUbuffer 作为下一个节点的输入，即为 input_video_2_cloned_gpu。

```
node: {
  calculator: "ImageFrameToGpuBufferCalculator"
  input_stream: "input_video_2_cloned"
  output_stream: "input_video_2_cloned_gpu"
}
```

（4）添加一个 MaskOverlayCalculator：

```
node {
    calculator: "MaskOverlayCalculator"
    input_stream: "VIDEO:0:input_video_2_cloned_gpu"
    input_stream: "VIDEO:1:throttled_input_video"
    input_stream: "MASK:hair_mask"
    output_stream: "OUTPUT:output_video"
}
```

（5）修改模型输出参数：

```
node {
    calculator: "TfLiteTensorsToSegmentationCalculator"
    input_stream: "TENSORS_GPU:segmentation_tensor"
    input_stream: "PREV_MASK_GPU:previous_hair_mask"
    output_stream: "MASK_GPU:hair_mask"
    node_options: {
      [type.googleapis.com/ mediapipe.TfLiteTensorsToSegmentationCalculatorOp
tions] {
        tensor_width: 512
        tensor_height: 512
        tensor_channels: 2
        combine_with_previous_ratio: 0.9
        output_layer_index: 0
      }
    }
}
```

（6）添加 MaskOverlayCalculator 的节点，MaskOverlaycalculator 的作用是进行 Frame

的融合，共有 3 个输入，当掩码为 0 的时候，VIDEO:0 会被使用，当掩码为 1 的时候，
VIDEO:1 会被使用，从而实现背景融合的效果。

```
node {
    calculator: "MaskOverlayCalculator"
    input_stream: "VIDEO:0:throttled_input_video"
    input_stream: "VIDEO:1:input_video_2_cloned_gpu"
    input_stream: "MASK:hair_mask"
    output_stream: "OUTPUT:output_video"
}
```

步骤 03　在 backgroundblending 目录下新建一个 build 文件，如要添加对新增 Calcular 节点的引用，
内容如下：

```
cc_library(

name = "mobile_calculators",

deps = [

    "//mediapipe/calculators/core:flow_limiter_calculator",

    "//mediapipe/calculators/core:previous_loopback_calculator",

    "//mediapipe/calculators/image:image_transformation_calculator",

    "//mediapipe/calculators/core:packet_cloner_calculator",

    "//mediapipe/calculators/image:mask_overlay_calculator",

    "//mediapipe/calculators/image:set_alpha_calculator",

    "//mediapipe/calculators/tflite:tflite_converter_calculator",

    "//mediapipe/calculators/tflite:tflite_custom_op_resolver_ calculator",

    "//mediapipe/calculators/tflite:tflite_inference_calculator",

    "//mediapipe/calculators/tflite:tflite_tensors_to_segmentation_ calculator",

    "//mediapipe/gpu:gpu_buffer_to_image_frame_calculator",

    "//mediapipe/gpu:image_frame_to_gpu_buffer_calculator",

    ],

)
cc_library(

    name = "desktop_calculators",

    deps = [

        "//mediapipe/calculators/core:flow_limiter_calculator",
```

```
        "//mediapipe/calculators/core:previous_loopback_calculator",

        "//mediapipe/calculators/image:image_transformation_calculator",

        "//mediapipe/calculators/image:recolor_calculator",

        "//mediapipe/calculators/image:set_alpha_calculator",

        "//mediapipe/calculators/tflite:tflite_converter_calculator",

        "//mediapipe/calculators/tflite:tflite_custom_op_resolver_ calculator",

        "//mediapipe/calculators/tflite:tflite_inference_calculator",

        "//mediapipe/calculators/tflite:tflite_tensors_to_segmentation_ calculator",

    ],

)、
mediapipe_binary_graph(

    name = "mobile_gpu_binary_graph",

    graph = "background_blending_gpu.pbtxt",

    output_name = "mobile_gpu.binarypb",

    deps = [":mobile_calculators"],

)
```

上述代码用于构建一个名为 mobile_gpu_binary_graph 的媒体管道二进制图。它包含两个库：一个是 mobile_calculators，另一个是 desktop_calculators。这两个库分别定义了移动设备和桌面设备的计算器依赖项。

mobile_calculators 库依赖于以下计算器：

```
flow_limiter_calculator
previous_loopback_calculator
image_transformation_calculator
packet_cloner_calculator
mask_overlay_calculator
set_alpha_calculator
tflite_converter_calculator
tflite_custom_op_resolver_calculator
tflite_inference_calculator
tflite_tensors_to_segmentation_calculator
gpu_buffer_to_image_frame_calculator
image_frame_to_gpu_buffer_calculator
```

desktop_calculators 库依赖于以下计算器：

```
flow_limiter_calculator
previous_loopback_calculator
image_transformation_calculator
recolor_calculator
set_alpha_calculator
tflite_converter_calculator
tflite_custom_op_resolver_calculator
tflite_inference_calculator
tflite_tensors_to_segmentation_calculator
```

最后，通过调用 mediapipe_binary_graph 函数将 mobile_calculators 库作为依赖项，生成一个名为 mobile_gpu_binary_graph 的二进制图。这个二进制图使用 background_blending_gpu. pbtxt 作为输入图，并将输出命名为 mobile_gpu.binarypb。

步骤 04　生成 Android 工程需要的 AAR 文件，命令为：

```
cd /mediapipe/mediapipe/examples/android/src/java/com/google/mediapipe /apps/
buid_aar/
```

我们通过 BUILD 来查看并编写文件的内容：

```
vi BUILD
load("//mediapipe/java/com/google/mediapipe:mediapipe_aar.bzl", "mediapipe_aar")

mediapipe_aar(
    name = "mediapipe_background_blendin",
    calculators = ["//mediapipe/graphs/background_blending: mobile_calculators"],
)
```

上述文件构建了一个名为 mediapipe_background_blendin 的 Android AAR 库，其中包含 //mediapipe/graphs/background_blending:mobile_calculators 计算器。

【代码说明】

首先，通过 load() 函数加载了 //mediapipe/java/com/google/mediapipe:mediapipe_aar.bzl 模块，该模块定义了如何构建 AAR 库的规则和依赖项。

然后，调用了 mediapipe_aar() 函数来构建 AAR 库。这个函数接受以下参数。

- name：指定构建的 AAR 库的名称为 mediapipe_background_blendin。
- calculators：指定要包含在 AAR 库中的计算器列表。这里只包含一个计算器，即 // mediapipe/graphs/background_blending:mobile_calculators。

接着执行构建命令：

```
bazel build -c opt --fat_apk_cpu=arm64-v8a,armeabi-v7a \
//mediapipe/examples/android/src/java/com/google/mediapipe/apps/buid_aar:
background_blending
```

这个命令用于构建一个 Android AAR 文件。具体说明如下。

- bazel build：这是 Bazel 构建系统的命令，用于构建目标。
- -c opt：这是一个构建选项，表示使用优化模式进行构建。
- --fat_apk_cpu=arm64-v8a,armeabi-v7a：这是一个构建选项，表示生成一个包含不同 CPU 架构的 APK 文件。这里指定了两个 CPU 架构：arm64-v8a（ARM 64位）和 armeabi-v7a（ARM 32位）。
- //mediapipe/examples/android/src/java/com/google/mediapipe/apps/buid_aar: background_blending：这是要构建的目标。它是一个路径，指向 Bazel 构建系统中的某个目标。在这个例子中，它指向了一个名为 background_blending 的 Java 类，该类位于 //mediapipe/examples /android/src/java/com/google/mediapipe/apps/ 目录下。

接下来引入 AAR 的概念。AAR 是一种在 Android App 模块中作为依赖的文件包，可以包含源代码、资源文件等用来构建 App 的资源等。在 Android 开发中，AAR 文件常用于将库项目打包成可以在其他项目中使用的形式，以方便开发者在项目中复用代码和资源。

AAR 是一种在 Android 平台上使用的包格式，用于打包 Android 库项目的代码和资源。AAR 文件是一个压缩包，包含库项目的源代码、资源文件、API 文档和依赖库。在 Android Studio 中，可以依次单击 File → New → New Module → Android Library 命令创建一个库项目，然后在构建设置中勾选 Build an Android Archive 选项，即可生成 AAR 文件。AAR 文件通过依次单击 File → New → New Module → Import 命令导入其他项目中，或者通过在项目的 build.gradle 文件中添加依赖来使用 AAR 文件。

这里采用 Android Studio 来构建虚拟背景更换的 App。

（1）创建一个 Android 工程。

（2）复制 AAR 文件到 App/libs 文件夹下，如图 3-23 所示。

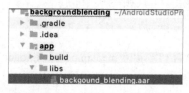

图 3-23 Android 项目文件结构示意图

（3）创建 app/src/main/assets 并且复制各种资源文件到该目录下。在这个例子中，需要复制 tflite 和 binarypb 文件，如图 3-24 所示。

（4）下载并复制 OpenCV SDK 的 SO 文件到 Android 工程的 jnjLibs 目录下，如图 3-25 所示。

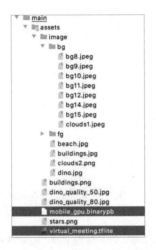

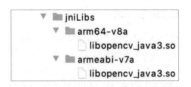

图 3-24　Android 项目文件资源示意图　　　　图 3-25　jnjLibs 目录资源示意图

（5）修改 build.gradle 文件，添加 MediaPipe 依赖和对 MediaPipe AAR 的引用。build.gradle 是 Android 项目的构建文件，包含项目的构建配置信息。在 Android Studio 中，每个 Android 项目都有一个根目录的 build.gradle 文件和每个模块的 build.gradle 文件。根目录的 build.gradle 文件主要用于配置项目的全局构建信息，如项目的构建工具版本、插件依赖等。每个模块的 build.gradle 文件用于配置模块的构建信息，如模块的库依赖、编译选项等。我们可以通过添加依赖的方式引用 AAR 库。

```
dependencies {
    implementation fileTree(dir: 'libs', include: ['*.jar', '*.aar'])
    implementation 'androidx.appcompat:appcompat:1.0.2'
    implementation 'androidx.constraintlayout:constraintlayout:1.1.3'
    testImplementation 'junit:junit:4.12'
    androidTestImplementation 'androidx.test.ext:junit:1.1.0'
    androidTestImplementation 'androidx.test.espresso:espresso-core:3.1.1'
    // MediaPipe deps
    implementation 'com.google.flogger:flogger:latest.release'
    implementation 'com.google.flogger:flogger-system-backend:latest.release'
    implementation 'com.google.code.findbugs:jsr305:latest.release'
    implementation 'com.google.guava:guava:27.0.1-android'
    implementation 'com.google.protobuf:protobuf-javalite:3.19.1'
    // CameraX core library
    def camerax_version = "1.0.0-beta10"
    implementation "androidx.camera:camera-core:$camerax_version"
```

```
        implementation "androidx.camera:camera-camera2:$camerax_version"
        implementation "androidx.camera:camera-lifecycle:$camerax_version"
        // AutoValue
        def auto_value_version = "1.8.1"
        implementation "com.google.auto.value:auto-value-annotations:$auto_value_
version"
        annotationProcessor "com.google.auto.value:auto-value:$auto_value_version"
    }
```

上述代码是 Android 项目的 build.gradle 文件的一部分，用于定义项目的依赖关系。

【代码说明】

- dependencies：开始定义依赖关系。

- implementation fileTree(dir: 'libs', include: ['*.jar', '*.aar'])：指定了项目应该从 libs 目录中包含所有的 JAR 和 AAR 文件。

- implementation 'androidx.appcompat:appcompat:1.0.2'：指定了项目需要使用 AppCompat 库的 1.0.2 版本。

- implementation 'androidx.constraintlayout:constraintlayout:1.1.3'：指定了项目需要使用 ConstraintLayout 库的 1.1.3 版本。

- testImplementation 'junit:junit:4.12'：指定了项目在测试时需要使用 JUnit 库的 4.12 版本。

- androidTestImplementation 'androidx.test.ext:junit:1.1.0'：指定了项目在 Android 测试时需要使用 JUnit 库的 1.1.0 版本。

- androidTestImplementation 'androidx.test.espresso:espresso-core:3.1.1'：指定了项目在 Android 测试时需要使用 Espresso 库的 3.1.1 版本。

- // MediaPipe deps：注释，表示接下来的依赖项是 MediaPipe 相关的。

- implementation 'com.google.flogger:flogger:latest.release'：指定了项目需要使用 Google Flogger 库的新版本。

- implementation 'com.google.flogger:flogger-system-backend:latest.release'：指定了项目需要使用 Google Flogger 系统后端库的新版本。

- implementation 'com.google.code.findbugs:jsr305:latest.release'：指定了项目需要使用 FindBugs 库的新版本。

- implementation 'com.google.guava:guava:27.0.1-android'：指定了项目需要使用 Guava 库的 27.0.1 版本。

- implementation 'com.google.protobuf:protobuf-javalite:3.19.1'：指定了项目需要使用 Protobuf JavaLite 库的 3.19.1 版本。

- // CameraX core library：注释，表示接下来的依赖项是 CameraX 核心库。
- def camerax_version = "1.0.0-beta10"：定义了一个变量 camerax_version，其值为 1.0.0-beta10。
- implementation "androidx.camera:camera-core:$camerax_version"：指定了项目需要使用 CameraX 核心库的版本为 camerax_version 的值。
- implementation "androidx.camera:camera-camera2:$camerax_version"：指定了项目需要使用 CameraX 库的版本为 camerax_version 的值。
- implementation "androidx.camera:camera-lifecycle:$camerax_version"：指定了项目需要使用 CameraX 生命周期库的版本为 camerax_version 的值。
- // AutoValue：注释，表示接下来的依赖项是 AutoValue 相关的。
- def auto_value_version = "1.8.1"：定义了一个变量 auto_value_version，其值为 1.8.1。
- implementation "com.google.auto.value:auto-value-annotations:$auto_value_version"：指定了项目需要使用 AutoValue 注解库的版本为 auto_value_version 的值。
- annotationProcessor "com.google.auto.value:auto-value:$auto_value_version"：指定了项目需要使用 AutoValue 处理器的版本为 auto_value_version 的值。
- }：结束定义依赖关系。

（6）设计 Layout 和主要的逻辑实现。

在 MainActivity.java 中定义 Calculator 的输入输出流，这里可以通过下列变量来定义。

```
private static final String BINARY_GRAPH_NAME = "mobile_gpu.binarypb";
private static final String INPUT_VIDEO_STREAM_NAME = "input_video";
private static final String OUTPUT_VIDEO_STREAM_NAME = "output_video";
private static final String INPUT_IMAGE_STREAM = "input_video_2";
```

需要注意的是，指定使用前置摄像头自拍模式，允许垂直方向的翻转：

```
private static final CameraHelper.CameraFacing CAMERA_FACING = CameraHelper.CameraFacing.FRONT;
private static final boolean FLIP_FRAMES_VERTICALLY = true;
```

【代码说明】

- private static final CameraHelper.CameraFacing CAMERA_FACING = CameraHelper. CameraFacing.FRONT; 定义了一个私有的、静态的、最终的（不能被修改）变量 CAMERA_FACING，它的类型是 CameraHelper.CameraFacing。这个变量的值被初始化为 ameraHelper.CameraFacing.FRONT，表示摄像头的方向是前置。
- private static final boolean FLIP_FRAMES_VERTICALLY = true; 定义了一个私有的、静态的、

最终的（不能被修改）布尔类型的变量 FLIP_FRAMES_VERTICALLY，并将其值设置为 true。这个变量可用于控制是否垂直翻转帧。

加载动态库：

```
static {
    // Load all native libraries needed by the app.
    System.loadLibrary("mediapipe_jni");
    try {
        System.loadLibrary("opencv_java3");
    } catch (java.lang.UnsatisfiedLinkError e) {
        // Some example apps (e.g. template matching) require OpenCV 4.
        System.loadLibrary("opencv_java4");
    }
}
```

MainActivity 的主要代码如代码清单 3-31 所示，总体思路是通过指定 Graph 的输入输出，并且通过定义相关的手势动作实现前景和背景图片的滑动展示。创建一个布局文件，并在其中添加 ViewPager 组件，通过左右滑动的手势控制背景图片的切换，类似地，通过上下滑动手势控制前景图片的切换。

代码清单 3-31 Mainactivity.java 文件内容

```
// Handles camera access via the {@link CameraX} Jetpack support library.
private CameraXPreviewHelper cameraHelper;

private RGBHandler rgbHandler;


@Override
protected void onCreate(Bundle savedInstanceState) {
    super.onCreate(savedInstanceState);
    setContentView(R.layout.activity_main);

    readAssets();
    IMG_COUNT=photos.length;
    FG_IMG_COUNT=fg_photos.length;
    // 初始化
    fg_boxTexture= getFG_ImageFromAssetsFile(FG_BOX_TEXTURE);

    //getListFromAssetsFile();
    prepareDemoAssets();
```

```
txt=(TextView)findViewById(R.id.txtnombotiga);

txt.setOnTouchListener(new View.OnTouchListener() {
    public boolean onTouch(View v, MotionEvent event) {
        Log.i("OnTouch", "Im here ");
        detector.onTouchEvent(event);
        return true;
    }
});
detector =new GestureDetector(this, new GestureDetector. OnGestureListener() {
    @Override
    public boolean onDown(MotionEvent e) {
        Log.i(TAG,"onDown");
        //Toast.makeText(MainActivity.this, " 温馨提示：向左或向右滑动手指，可
切换图片 ", Toast.LENGTH_SHORT).show();
        return false;
    }

    @Override
    public void onShowPress(MotionEvent e) {
        Log.i(TAG,"onShowPress");
    }

    @Override
    public boolean onSingleTapUp(MotionEvent e) {
        Log.i(TAG,"onSingleTapUp");
        return false;
    }

    @Override
    public boolean onScroll(MotionEvent e1, MotionEvent e2,
                                   float distanceX, float distanceY) {
        Log.i(TAG,"onScroll");
        return false;
    }

    @Override
    public void onLongPress(MotionEvent e) {
        Log.i(TAG,"onLongPress");

    }

    @Override
    public boolean onFling(MotionEvent e1, MotionEvent e2,
```

```
                                        float velocityX, float velocityY) {

        Log.i(TAG,"onFling");
        // 手势往左滑动
        if(e2.getX()<e1.getX()-100  &&  Math.abs(velocityX) >100 ){
            Log.v(TAG," 向左滑动 ");

            if(imgIndex< IMG_COUNT -1){
                imgIndex++;

            } else{
                imgIndex=0;
            }
        }
        if(e2.getX() >e1.getX()+100 &&  Math.abs(velocityX) >100) {
            Log.v(TAG," 向右滑动 ");

            if(imgIndex>0 ){
                imgIndex--;

            } else{
                imgIndex=IMG_COUNT -1;
            }
        }

        // 向上滑动 ( 前景图控制 )
        if(e2.getY()< e1.getY()-100 && Math.abs(velocityY) >100){
            Log.v(TAG," 向上滑动 ");
            Log.v(TAG,"fg_imgIndex: "+fg_imgIndex +" : "+
                    fg_photos[fg_imgIndex]);

            if(fg_imgIndex>0 ){
                fg_imgIndex--;

            } else{
                fg_imgIndex=FG_IMG_COUNT -1;
            }
        }

        // 向下滑动 ( 前景图控制 )
        if(e2.getY()> e1.getY()+100 && Math.abs(velocityY) >100){
            Log.v(TAG," 向下滑动 ");
            Log.v(TAG,"fg_imgIndex: "+fg_imgIndex +" : "+
                    fg_photos[fg_imgIndex]);
```

```
                if(fg_imgIndex< FG_IMG_COUNT -1){
                    fg_imgIndex++;

                } else{
                    fg_imgIndex=0;
                }
            }

            //root.setBackgroundResource(imgIds[imgIndex]);
            BOX_TEXTURE = "image/bg/"+photos[imgIndex];
                                            // 根据手势修改图片并更新 TEXTURE
            boxTexture = getImageFromAssetsFile(BOX_TEXTURE);

            FG_BOX_TEXTURE = "image/fg/"+fg_photos[fg_imgIndex];
                                            // 根据手势修改图片并更新 TEXTURE
            fg_boxTexture= getFG_ImageFromAssetsFile(FG_BOX_TEXTURE);

            //textview background 设置完毕 detach & attach
            txt.setBackground(BitmapToDrawable( fg_boxTexture,
                                getApplicationContext()));
            Log.v(TAG,FG_BOX_TEXTURE);
            return false;
        }
    });
    previewDisplayView = new SurfaceView(this);
    setupPreviewDisplayView();
    // 初始化 asset manager 使得 MediaPipe native libraries 可以访问 App 的相关
assets 以及 binary graphs
    AndroidAssetUtil.initializeNativeAssetManager(this);
    eglManager = new EglManager(null);
    processor =
            new FrameProcessor(
                    this,
                    eglManager.getNativeContext(),
                    BINARY_GRAPH_NAME,
                    INPUT_VIDEO_STREAM_NAME,
                    OUTPUT_VIDEO_STREAM_NAME);

    rgbHandler = new RGBHandler();
    processor.setOnWillAddFrameListener(rgbHandler);

    processor.getVideoSurfaceOutput().setFlipY(FLIP_FRAMES_VERTICALLY);
    PermissionHelper.checkAndRequestCameraPermissions(this);
```

```
    }

    @Override
    protected void onResume() {
        super.onResume();
        converter = new ExternalTextureConverter(eglManager.getContext());
        converter.setFlipY(FLIP_FRAMES_VERTICALLY);
        converter.setConsumer(processor);
        if (PermissionHelper.cameraPermissionsGranted(this)) {
            startCamera();
        }
    }

    @Override
    protected void onPause() {
        super.onPause();
        converter.close();
        previewDisplayView.setVisibility(View.GONE);
    }

    @Override
    public void onRequestPermissionsResult(
            int requestCode, String[] permissions, int[] grantResults) {
        super.onRequestPermissionsResult(requestCode, permissions,
                                                    grantResults);
        PermissionHelper.onRequestPermissionsResult(requestCode,
                                                permissions, grantResults);
    }
    protected Size computeViewSize(int width, int height) {
        return new Size(width, height);
    }

    public static Drawable BitmapToDrawable(Bitmap bitmap, Context context) {
        BitmapDrawable drawbale = new BitmapDrawable(context.getResources(),
                bitmap);
        return drawbale;
    }

    private void setupPreviewDisplayView() {
        previewDisplayView.setVisibility(View.GONE);
        ViewGroup viewGroup = findViewById(R.id.preview_display_layout);
        viewGroup.addView(previewDisplayView);

        previewDisplayView
```

```
                    .getHolder()
                    .addCallback(
                            new SurfaceHolder.Callback() {
                                @Override
                                public void surfaceCreated(SurfaceHolder holder) {
                                    processor.getVideoSurfaceOutput().setSurface
                                    (holder.getSurface());
                                }

                                @Override
                                public void surfaceChanged(SurfaceHolder holder,
                                        int format, int width, int height) {
                                    // (Re-)Compute the ideal size of the camera-
                                    // preview display (the area that the
                                    // camera-preview frames get rendered onto,
                                    // potentially with scaling and rotation)
                                    // based on the size of the SurfaceView that
                                    // contains the display.
                                    Size viewSize = computeViewSize(width, height);
                                    Size displaySize = cameraHelper.
                                            computeDisplaySizeFromViewSize(viewSize);
                                    boolean isCameraRotated = cameraHelper.
                                                            isCameraRotated();

                                    // Connect the converter to the camera-preview
                                    // frames as its input (via
                                    // previewFrameTexture), and configure the output
                                    // width and height as the computed
                                    // display size.
                                    converter.setSurfaceTextureAndAttachToGLContext(
                                            previewFrameTexture,
                                            isCameraRotated ? displaySize.getHeight()
                                                : displaySize.getWidth(),
                                            isCameraRotated ? displaySize.getWidth()
                                                : displaySize.getHeight());
                                }

                                @Override
                                public void surfaceDestroyed(SurfaceHolder holder) {
                                    processor.getVideoSurfaceOutput(). setSurface(null);
                                }
                            });
public boolean onTouchEvent(MotionEvent event){
        return detector.onTouchEvent(event);
    }
```

```java
        private void startCamera() {
            cameraHelper = new CameraXPreviewHelper();
            cameraHelper.setOnCameraStartedListener(
                    surfaceTexture -> {
                        previewFrameTexture = surfaceTexture;
                        // Make the display view visible to start showing the preview.
                        // This triggers the
                        // SurfaceHolder.Callback added to (the holder of)
                        // previewDisplayView.
                        previewDisplayView.setVisibility(View.VISIBLE);
                    });
            cameraHelper.startCamera(this, CAMERA_FACING, /*surfaceTexture=*/ null);
        }

        private void readAssets() {
            try {
                AndroidAssetUtil.initializeNativeAssetManager(this);

                photos = getAssets().list("image/bg");// 访问 assets 文件夹下的 aaa 目录
                fg_photos = getAssets().list("image/fg");

                for (String n : photos) {
                    Log.v("photos_assets", n);
                }
                for (String n : fg_photos) {
                    Log.v("fg_photos_assets", n);
                }
            } catch (Exception e) {
                Toast.makeText(this, "失败", Toast.LENGTH_SHORT).show();
                Log.e("assets", "访问资产文件失败", e);
            }
        }

        private void getListFromAssetsFile()    {
            AndroidAssetUtil.initializeNativeAssetManager(this);
            // 使用 OpenGL 从原始数据进行渲染, 因此禁用解码预处理
            //BitmapFactory.Options decodeOptions = new BitmapFactory.Options();
            //decodeOptions.inScaled = false;
            //decodeOptions.inDither = false;
            //decodeOptions.inPremultiplied = false;
            try {
                photos = getAssets().list("");
            }
            catch (Exception e) {
```

```
            Log.e(TAG, "Error get the list of Assets ; error: " + e);
            throw new RuntimeException(e);
        }
        for (int i = 0; i < photos.length; i++) {
            //System.out.println("i="+photos[i]);
            Log.v(TAG, "photos : " + photos[i]);


        }
    // 返回照片
}


// 前景图的相关处理
private Bitmap getFG_ImageFromAssetsFile(String fileName)
{
    AndroidAssetUtil.initializeNativeAssetManager(this);

    BitmapFactory.Options decodeOptions = new BitmapFactory.Options();
    decodeOptions.inScaled = false;
    decodeOptions.inDither = true;
    decodeOptions.inPremultiplied = true;
    // 对于 PNG 格式的图片
    decodeOptions.inPreferredConfig = Bitmap.Config.ARGB_8888;
    Bitmap tmp_boxTexture;
     try {
        InputStream inputStream = getAssets().open(fileName);
        tmp_boxTexture = BitmapFactory.decodeStream(inputStream,
                        null /*outPadding*/, decodeOptions);
        inputStream.close();
    } catch (Exception e) {
        Log.e(TAG, "Error parsing box texture; error: " + e);
        throw new RuntimeException(e);
    }

    return tmp_boxTexture;
}


private Bitmap getImageFromAssetsFile(String fileName)
{
    AndroidAssetUtil.initializeNativeAssetManager(this);
    // 使用 OpenGL 从原始数据进行渲染，因此禁用解码预处理
    BitmapFactory.Options decodeOptions = new BitmapFactory.Options();
    decodeOptions.inScaled = false;
    decodeOptions.inDither = false;
    decodeOptions.inPremultiplied = false;
```

```
        Bitmap tmp_boxTexture; //=null
        try {
            InputStream inputStream = getAssets().open(fileName);
            tmp_boxTexture = BitmapFactory.decodeStream(inputStream,
                            null /*outPadding*/, decodeOptions);
            inputStream.close();
        } catch (Exception e) {
            Log.e(TAG, "Error parsing box texture; error: " + e);
            throw new RuntimeException(e);
        }

        return tmp_boxTexture;
    }

    private void prepareDemoAssets() {
        AndroidAssetUtil.initializeNativeAssetManager(this);
        BitmapFactory.Options decodeOptions = new BitmapFactory.Options();
        decodeOptions.inScaled = false;
        decodeOptions.inDither = false;
        decodeOptions.inPremultiplied = false;

        try {
            InputStream inputStream = getAssets().open(BOX_TEXTURE);
            boxTexture = BitmapFactory.decodeStream(inputStream,
                        null /*outPadding*/, decodeOptions);
            inputStream.close();
        } catch (Exception e) {
            Log.e(TAG, "Error parsing box texture; error: " + e);
            throw new RuntimeException(e);
        }
    }
```

在 Android 应用程序中，每个 Activity 都有一个生命周期，生命周期指的是从创建到销毁的整个过程。这个生命周期由若干回调方法组成，每个方法都在特定的时刻被调用。Activity 生命周期的主要回调方法如下。

- onCreate()：当 Activity 第一次被创建时调用。在这个方法中设置布局、初始化变量等。
- onStart()：当 Activity 可见时调用。在这个方法中开始与用户交互。
- onResume()：当 Activity 可见且处于活动状态时调用。可以在这个方法中继续与用户交互，并开始更新 UI。
- onPause()：当 Activity 不再可见且处于暂停状态时调用。可以在这个方法中保存数据或停止动画等。

- onStop()：当 Activity 不再可见时调用。可以在这个方法中停止与用户的交互。

- onDestroy()：当 Activity 被销毁时调用。可以在这个方法中释放资源。

接下来生成并安装 APK，在手机上进行测试，测试效果如图 3-26 所示。

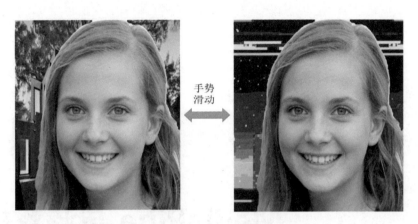

图 3-26　手势滑动更换背景示意图

3.7　小结

本章介绍了 Facemesh 的相关原理，从零开始介绍了基于 Facemesh 的虚拟面具特效方案在桌面应用的实现，同时也讲解了如何在不同开发环境（如 Python 和 JavaScript）下开发类似的功能，最后通过一个完整的桌面端 Python 以及一个移动端 Android 案例，介绍了如何使用 MediaPipe 的机器学习实时推理框架来实现不同平台下人像背景更换的功能。

第 4 章

MediaPipe 与游戏控制

本章将重点介绍 MediaPipe 在姿态识别和通过人体关键点检测来控制游戏方面的应用。随着体感技术的不断发展，人们对于更加沉浸式、交互式的游戏体验需求也越来越高。MediaPipe 作为一种强大的多媒体处理框架，提供了实时的姿态识别和人体关键点检测功能，为游戏开发者提供了更多的可能性。本章将详细介绍如何将 MediaPipe 应用于游戏开发中，以实现更加自然、流畅的手势控制体验。无论是想要设计一款创新的体感游戏，还是希望为现有游戏添加手势控制功能，本章都将为你提供宝贵的指导和启示。让我们一起探索 MediaPipe 在游戏领域的潜力，并开启一段令人兴奋的旅程！

4.1 体感游戏简介

体感游戏是一种玩家通过身体动作与游戏互动的方式，这种游戏利用各种传感器技术（如加速度计、陀螺仪、摄像头或深度传感器）来捕捉玩家的运动和动作，并将其转换为游戏中的动作或决策。玩家不再仅仅依赖于传统的游戏控制器，而是通过身体的动态互动来操控游戏角色、解决难题或完成任务。

体感游戏不同于传统的通过键盘鼠标或游戏控制器来操控游戏的方式，体感游戏借助摄像头或深度相机捕捉空间中的姿态运动，通过对身体部位和动作的感知来判断即将施加的动作，进而控制游戏角色进行移动和对应的行动。通常情况下体感游戏可以借助不同的传感器，比如加速度、光学传感器等获取玩家的位置、速度或加速度等信息，并将这些信息映射到游戏空间中。体感游戏根据游戏本身性质的不同分为许多不同的类型，比如体感体育游戏、体感舞蹈游戏、体感动作游戏等。早期常见的体感游戏平台有微软的 Kinect、任天堂的 Wii 等。目前体感游戏广泛应用在家庭数字娱乐平台中，并且适用于全年龄段。部分体感游戏需要玩家根据自身身体做出对应的动作，比如跳跃、旋转或摆出特定姿势等，可以让玩家得到一定程度的锻炼，训练反应和体能。

早在 1984 年，Light Gun 作为街机游戏和视频游戏的输入最初用作射击游戏的输入，比如最早的打鸭子游戏。当玩家按下"射击"按钮，屏幕上的目标物体会变成白色，其他区域变成黑色。Light Gun 中的传感器会检测到白色方块并认为成功射击到目标。这个过程时间很短，从而玩家不会注意到这个细节。Light Gun 是早期体感游戏的鼻祖。

Sony 等公司在 20 世纪 80 — 90 年代推出了跳舞毯，通过玩家在跳舞毯上的压触动作判定玩家是否按照特定的舞蹈动作进行操作。2006 年，Nintendo 公司推出了 Wii，玩家通过手持 Wii 的控制器，系统会获取到玩家在三维空间的移动，随着传感器技术的成熟，此时的体感游戏达到了一个更高的层次。Wii 的成功使得体感游戏变成游戏行业的一个新分类。

2010 年，微软推出了 Kinect，它是一整套体感输入设备解决方案，其核心是 GRB 摄像头以及基于红外发生器和摄像头的 3D 结构深度传感器，可以有效捕捉并识别各种肢体动作和手势，同时还包含可以进行语音控制和识别的麦克风。借助 Kinect、Xbox 可以实现各种体感游戏，在实现自身销量增长的同时，将体感游戏推到了一个新的时代。体感游戏的特征是无须传统意义上的手柄控制器。

随着硬件技术的发展，体感游戏也逐渐变得更加精细和复杂。20 世纪 90 年代，随着计算机游戏技术的发展，体感游戏也开始出现在计算机平台上。近年来，随着深度学习和计算机视觉技术的发展，体感游戏的性能和精度也得到了显著提高。目前，体感游戏已经成为一个广泛应用的游戏类型，并且在许多不同的平台上都有广泛的应用。未来，随着人工智能和机器学习技术的进一步发展，体感游戏也会变得更加智能、精细和真实。例如，机器学习模型可以更准确地识别更复杂的人体动作，并且可以通过模拟真实世界中的物理效果来提高游戏的真实性。

4.2 体感游戏与 MediaPipe 的姿态估计

MediaPipe 作为一个跨平台的多媒体框架，可以用于实时手部识别和跟踪，因此使用 MediaPipe，我们可以实现更加沉浸式和交互式的体感游戏体验。例如，在体感游戏中，玩家可以通过手势来控制角色移动、攻击或跳跃，而 MediaPipe 可以帮助我们准确地捕捉和识别这些手势动作，从而实现更自然、流畅的游戏体验。

传统意义上的体感游戏依赖于景深摄像机或传感器进行姿态识别和判定，实际上采用普通 RGB 摄像头作为体感游戏的输入，通过 MediaPipe 的姿态估计（Pose Estimation）模块来进行人体姿态以及关键点位预测，配合预定义的身体或手部动作来映射键盘或游戏控制器的键位操作，同样可以实现操作游戏角色的功能。虽然识别精度上可能较景深摄像头低一些，但极具成本优势。

MediaPipe 的姿态估计是一种用于实时人体姿态估计的算法，它可以在视频流或图像序列中检测人体姿势的关键点，例如肩膀、肘部、手腕、膝盖、脚踝等。这个处理流程的输入是视频流或图像序列，输出是人体姿势的关键点坐标。

上述方法可以用如图 4-1 所示的流程图来表示。

图 4-1 体感游戏流程示意图

（1）定义相关的动作，这里使用 MediaPipe 的姿态估计来识别用户的动作，比如设计跑步等关键姿态识别，通过骨骼节点的伸缩判定是否完成一次动作。

（2）选取需要重点关注的骨骼关键点，比如后续介绍的智能健身教练中，我们需要根据健身项目的类别判断并选取骨骼关键点。然后初始化 MediaPipe，这里还是使用 MediaPipe 中涉及机器视觉的部分功能。

（3）检测到人体动作后，需要设定对应的动作表，以便翻译成对应的鼠标键位操作，以操作角色的移动。

4.3 MediaPipe 姿态检测

姿态检测是指识别和跟踪人体的三维姿态，即人体各个部位的位置和姿态。MediaPipe

可以用来实现姿态检测功能，通过训练机器学习模型来实现对人体姿态的识别和跟踪。

这里我们使用 MediaPipe 内置的 Pose Detection 解决方案，调用 mp.solution.pose 并且通过 drawing_utils 对检测到的 Landmarks 进行绘制。代码清单如下。

代码清单 4-1 初始化 Pose Detection

```
# 初始化 MediaPipe 的 Pose Detection
mp_pose = mp.solutions.pose

# 设置输入为静态图片
pose_image = mp_pose.Pose(static_image_mode=True,
                min_detection_confidence=0.5)

# 设置输入为视频流
pose_video = mp_pose.Pose(static_image_mode=False, min_detection_confidence=0.7,
            min_tracking_confidence=0.7)

# 初始化 MediaPipe 绘图功能，用来绘制并识别出人体骨骼点位
mp_drawing = mp.solutions.drawing_utils
```

初始化姿态估计模型，通过调用 pose() 方法来设置输入为静态图片或者视频流，static_image_mode 决定输入是不是静态图片的开关，当为 True 时，表明输入流为静态图片，当设置成 False 时，输入流为视频。

min_detection_confidence 用于设置 Confidence Level，取值范围为 [0.0,1.0]，默认取值为 0.5。

以下我们定义一个姿态识别的函数 detectingPose()，用来识别图片中的人物并且对人物的骨骼关节点进行绘制。该函数接受 4 个参数：image（输入图像）、pose（人脸姿态检测器）、draw（是否在输出图像上绘制关键点，默认为 False）和 display（是否显示原始图像和处理后的图像，默认为 False）。 代码清单如下。

代码清单 4-2 姿态识别函数

```
def detectingPose(image, pose, draw=False, display=False):

    output_image = image.copy()

    imageRGB = cv2.cvtColor(image, cv2.COLOR_BGR2RGB)

    results = pose.process(imageRGB)

    if results.pose_landmarks and draw:

        mp_drawing.draw_landmarks(image=output_image,
                                landmark_list=results.pose_landmarks,
                                connections=mp_pose.POSE_CONNECTIONS,
                                landmark_drawing_spec=mp_drawing.DrawingSpec
```

```
                                  (color=(255,255,255),thickness=3,
                                  circle_radius=3), connection_drawing_spec=
                                  mp_drawing.DrawingSpec(color=(59,150,255),
                                  thickness=1, circle_radius=2))

    if display:

        plt.figure(figsize=[22,22])
        plt.subplot(121);plt.imshow(image[:,:,::-1]);plt.title("原始图片");
        plt.subplot(122);plt.imshow(output_image[:,:,::-1]);
        plt.title("输出图片"); plt.axis('off');

    else:
        return out_img, results
```

【代码说明】

首先，该函数创建一个与输入图像相同的副本 output_image。

然后，将输入图像从 BGR 格式转换为 RGB 格式。使用 pose 对象对 RGB 图像进行处理，得到结果 results。

如果 results 中包含关键点（pose_landmarks）并且 draw 参数为 True，则在 output_image 上绘制关键点。绘制的关键点包括连接信息（Connections），以及具有不同颜色、粗细和圆半径的圆圈表示关键点和连接。

如果 display 参数为 True，则使用 Matplotlib 库显示原始图像（经过反转的 RGB 格式）和处理后的图像，如果 display 参数为 False，则返回处理后的图像 output_image 和检测结果 results。程序在人物图片上对识别出的关键点进行显示标记，不同点位的说明如图 4-2 所示。

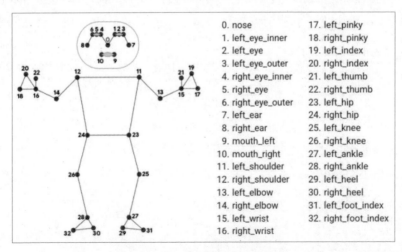

图 4-2 人体骨骼关键点图（32 点）

4.4　游戏人物控制机制

游戏人物控制机制是指游戏中控制人物移动和动作的方式。这可以通过不同的方式来实现，例如使用键盘和鼠标、手柄或触摸屏等输入设备来控制人物。

常见的游戏人物控制机制包括以下几种。

- 手柄控制：通过手柄来控制人物的移动和动作。
- 键盘和鼠标控制：通过键盘和鼠标来控制人物的移动和动作。
- 触摸屏控制：随着各种可触摸设备特别是移动设备的兴起，通过触摸屏来控制人物的移动和动作。
- 体感控制：通过摄像头或其他传感器来捕获人体动作，并使用机器学习算法来识别和解析这些动作，然后根据动作来控制游戏人物。

在游戏开发中，MediaPipe 可以用于实现人物控制机制。例如，可以通过 MediaPipe 检测玩家的手部位置和手势，然后将这些信息传递给游戏引擎，从而实现对游戏人物的控制。

4.5　控制水平和竖直方向的移动

在游戏编程中，控制角色的水平和竖直方向移动可以使用键盘或者游戏手柄等输入设备。通常，水平移动对应键盘的左右方向键，竖直移动对应键盘的上下方向键。

判定角色在水平和竖直方向的移动过程可以通过检测输入设备的输入状态来判断。例如，如果检测到键盘的左右方向键被按下，则表示角色处于水平移动状态；如果检测到键盘的上下方向键被按下，则表示角色处于竖直移动状态。

另外，还可以通过检测角色的位置坐标来判定角色的移动过程。例如，如果角色的位置坐标在水平方向上发生了变化，则表示角色处于水平移动状态；如果角色的位置坐标在竖直方向上发生了变化，则表示角色处于竖直移动状态。由于我们使用摄像头作为输入设备控制角色移动，因此这里使用角色坐标来进行判定。

4.5.1　控制水平方向的移动

这里我们使用图 4-3 ～图 4-5 来解释如何进行水平方向的位置判定，角色人物是否需要往左或往右移动。这里分为 3 种情况，首先将屏幕区域分割成左右两块，根据左右肩膀的 x 轴坐标和图片中心点的位置进行比较。

（1）左肩和右肩位于图片的左半部分，通过 left_shoulder 和 right_shoulder 的 x 坐标小于图片中点。这种情况下，人物位置在左侧。

（2）左肩和右肩位于图片的右半部分，通过 left_shoulder 和 right_shoulder 的 x 坐标大于图片中点。

图 4-3 人物位置在左侧

图 4-4 人物位置在右侧

（3）左肩位于图片的左半部分，右肩位于图片的右半部分。这种情况下，可以通过比较 left_shoulder 的 x 坐标和 right_shoulder 的 x 坐标来判断。如果 left_shoulder 的 x 坐标小于图片中点，而 right_shoulder 的 x 坐标大于图片中点，那么人物处于背景中间。

在水平方向上移动的判断代码如下。

图 4-5 人物处于背景中间

代码清单 4-3 判断人物在水平方向上移动的函数

```
def checkStatus(image, results, draw=False, display=False):

    Status = None

    # 获取图片的宽度和高度
    height, width, _ = image.shape
```

```
# Create a copy of the input image to write the horizontal position on.
output_img = image.copy()
```

```
# 获取左肩的 x 坐标
left_x = int(results.pose_landmarks.landmark[mp_pose.PoseLandmark.
        RIGHT_SHOULDER].x * width)
```

```
# 获取右肩的 x 坐标
right_x = int(results.pose_landmarks.landmark[mp_pose.PoseLandmark.
        LEFT_SHOULDER].x * width)
```

```
# 判断是否在背景的左侧
if (right_x <= width//2 and left_x <= width//2):

    # Set the person's position to left.
    Status = 'Left'

# 判断是否在背景的右侧
elif (right_x >= width//2 and left_x >= width//2):

    # Set the person's position to right.
    Status = 'Right'

# 判断是否在背景的中间位置
elif (right_x >= width//2 and left_x <= width//2):

    Status = 'Center'


if display:

    plt.figure(figsize=[10,10])
    plt.imshow(output_img[:,:,::-1]);plt.title("Output Img"); plt.axis('off');

else:
    return output_img, Status
```

4.5.2　控制竖直方向的移动

关于竖直方向移动，这里需要通过 MediaPipe 的姿态估计模型来获取人体关键点（如肩部）的 x 和 y 坐标。通过比较这些关键点的相对位置，该函数可以确定人是否正在跳跃、蹲伏或站立。

（1）首先判断是否站立，我们根据左右肩膀（index 为 11 和 12）的中点的 y 坐标进行判断。这里 OpenCV 采用的是向下的坐标系，越往下 y 的值越大。根据人体大致身高部位设定了判定区域、最低点和最高点的位置以及中值。如果中点位置的 y 坐标位于最低点和最高点的区域范围内，那么此人很可能处于站立状态，如图 4-6 所示。

图 4-6 判断人物是否站立

（2）类似地，如果发现肩膀中点（图 4-7 上的红点）的 y 坐标位于判定区域的下方，即 y 坐标大于（Upper Limit），则认为此人很可能正在蹲伏，如图 4-7 所示。

图 4-7 判断人物是否蹲伏

（3）判断是否跳跃，类似地，如果发现肩膀中点的 y 坐标位于判定区域的上边界（即 Lower Limit），那么此人很可能正在跳跃状态，如图 4-8 所示。

图 4-8 判断人物是否跳跃

一旦 checkAction() 函数确定了此人的姿势，就可以在游戏角色中触发相应的动作，例如让此人跳跃或蹲下，或者向左或向右移动。这可以通过在游戏引擎中调用相关函数或向游戏控制器发送信号来实现。

总之，控制角色的水平和竖直方向的移动和判定角色的移动过程是游戏制作中常用的技术。我们看到，通过使用 MediaPipe 可以轻松实现这种移动功能。

4.6　控制键盘或鼠标的移动

前面介绍了如何判断真人的状态、是否左右移动以及是否跳跃或蹲伏，然而控制游戏角色做出相应的动作需要对键盘或鼠标操作进行模拟。

比如，可以使用 Pyautogui 库来获取鼠标的当前位置和检查键盘输入。Pyautogui 是一个用于自动化操作计算机的 Python 库，它可以通过模拟鼠标和键盘的操作来执行各种任务，包括模拟鼠标单击、移动鼠标、模拟键盘输入等。

Pyautogui 库的 moveTo() 函数可用于将鼠标移动到指定的屏幕坐标位置。该函数的语法如下：

```
pyautogui.moveTo(x, y, duration=num_seconds).
```

其中，x 和 y 是要移动到的屏幕坐标，duration 是移动的时间（可选参数，默认值为 0，即立即移动）。

另外，还有 click() 函数用于模拟鼠标单击，doubleClick() 函数用于模拟鼠标双击，等等。

这些函数都可以用于游戏控制。例如，可以使用 moveTo() 函数在游戏中控制鼠标的移动，使用 click() 函数模拟鼠标单击，实现角色的攻击等。

如果按下了 W、S、A 或 D 键，代码将执行向上、向下、向左或向右移动的操作。鼠标移动的距离可以通过更改 pyautogui.moveTo() 函数调用中的数值进行调整。这里可以根据游戏本身属性以及键位的设定进行映射，从而做出对应的动作。

Pyautogui 是一个非常强大的自动化工具，可以通过模拟鼠标和键盘的操作来实现各种任务，包括游戏控制。它可以大大简化许多烦琐的操作，让你专注于游戏的开发和调试。

4.7 小结

体感游戏制作是一个比较有趣和新颖的领域，它让游戏玩家能够通过身体动作来控制游戏角色的行为，从而获得更真实和身临其境的游戏体验。

在制作体感游戏时，需要考虑一些关键技术，包括姿态检测、人体关键点检测和游戏控制。这些技术可以通过使用相应的计算机视觉算法和游戏引擎来实现。

姿态检测可以通过分析视频帧或图像中人体的形态来检测人体的姿势，从而确定人的动作。人体关键点检测则可以通过识别人体关键部位的位置来跟踪人的动作。最后，游戏控制则通过将检测到的人体动作映射到对应的游戏操作，从而控制游戏角色的行为。

在制作体感游戏的过程中，难点在于实现有效的姿态检测和人体关键点检测，这需要结合不同的算法和模型来实现。同时，还需要考虑如何将检测到的人体动作与游戏角色的行为相关联，以便让游戏角色能够做出相应的反应。这其中，低延迟、高精度的识别对应的动作成了体感游戏是否被接受的关键。

MediaPipe 集成了姿态和人体关键点检测，具备开发体感游戏的优势，也使得低成本开源方案在该领域的推广变成可能。

本章内容可以让读者了解如何使用 MediaPipe 框架来创建引人入胜的体感游戏。通过实际案例的讲解，读者可以获得必要的知识和技能来进行相关的开发。

第 **5** 章

MediaPipe 视觉特效实现

本章主要介绍 MediaPipe 各种视觉特效的实现。我们将探索如何通过 MediaPipe 进行眼睛纵横比（Eye Aspect Ratio，EAR）检测、实现 AR 激光剑效果、实现火箭发射小游戏以及实现空中作图等令人惊叹的视觉特效。

5.1 识别眼睛 EAR 活动

本节将深入探讨如何使用 MediaPipe 框架来识别眼睛 EAR（Eye Aspect Ratio，眼睛纵横比）活动。EAR 是一种用于监测眼睛状态的指标，它可以帮助我们了解眼睛的开闭程度，这对于监测疲劳、眨眼频率，或者实现眨眼识别等非常有用。本节将使用 MediaPipe 探索如何捕捉到人眼睛背后的情感和意图。

首先介绍 EAR 的概念和原理，然后介绍 MediaPipe 监测 EAR 的可能性。

5.1.1 EAR 介绍

EAR 算法用于检测眼睛的状态，特别是用于检测眼睑的开合程度。这个算法通常用于眼部检测和面部表情分析，通过从图片中找到面部，并且计算眼角坐标之间的欧利几何距离，用来识别眼球移动以及开合的状态，可以用于驾驶员疲劳检测等。

EAR 是一种基于人脸特征的算法，主要用于估计睁眼状态。该算法的基本理念是通过定位眼睛和眼睑的轮廓来获取眼睛的长宽比。具体来说，我们关注的是眼睛的特征点在垂直方向上的距离（分子）与眼睛的特征点在水平方向上的距离（分母）的比例。值得注意的是，由于只有一组水平方向上的距离，而两组垂直方向上的距离，所以分母需要乘以 2，以保证两组特征点的权重相同。

在睁眼状态下，EAR 通常保持恒定，即使有小幅度的浮动，也仅在一定的范围内。相反，当眼睛闭合时，EAR 会迅速下降，理论上接近于 0。因此，通过监测 EAR 的变化，我们可以准确判断出眼睛是处于睁开还是闭合状态。此外，通过设定合适的阈值，我们还可以进一步检测到眨眼的动作。例如，当 EAR 低于某个阈值时，我们认为眼睛处于闭合状态；当 EAR 由高于阈值迅速下降至低于阈值，再迅速上升至高于阈值时，我们可以判断为一次眨眼的动作。

EAR 通过计算人眼 4 条轮廓线（人眼的上、下、左、右边界）之间的比值来判断人眼是否闭合。EAR 的原理是，当人眼闭合时，4 条轮廓线会趋近于同一水平线，因此 EAR 值会降低。相反，当人眼睁开时，4 条轮廓线会相互偏离，因此 EAR 值会升高。

具体来说，EAR 的计算方法如下：

（1）使用人脸识别处理技术（如 Haar 特征或机器学习模型等）在人脸图像中找到人眼的轮廓线。

Haar 特征是一种数字图像特征，被广泛用于物体识别。这些特征是基于图像的灰度变化，像素分模块求差值的一种特征，可以用黑白和黑色矩形框组合成特征模板，表示图像的边缘、线性、中心和对角线特征。具体来说，Haar 特征分为边缘特征、线性特征、中心特征和对角线特征，并在特征模板内有白色和黑色两种矩形，定义该模板的特征值为白色矩形像素和减去黑色矩形像素和。在人脸检测中，Haar 特征是一种基于边缘、线性和中心特征的算法，利用 AdaBoost 算法进行级联和优化。例如，OpenCV 库就提供了实现 Haar 特征的功能。

总的来说，Haar 特征反映了图像的灰度变化情况，对于物体识别任务有着重要的应用价值。

（2）计算人眼上、下、左、右轮廓线之间的距离，分别记作 A(P_2-P_6)、B(P_3-P_5)、C(P_1-P_4)。

（3）计算 EAR 值，使用下式：EAR = (A+B)/(2*C)。

EAR 的公式如下：

$$EAR = \frac{\|p_2 - p_6\| + \|p_3 - p_5\|}{2\|p_1 - p_4\|}$$

其中 p_1, p_2, …, p_6 是眼角的平面坐标，通常情况下眼睛在张开状态 EAR 的值会比闭合状态下更大。

5.1.2　EAR 判定疲劳的流程

我们获取到人脸关键点坐标后，通过左右眼睛轮廓关键点的下标即可获取需要的关键点，从而进行 EAR 的计算。

通常情况下，人们认为可以通过加总眼睛的眨眼次数来定义眼睛的疲劳程度。另外，还可以通过联系视频帧中眨眼的次数定义 threshold 来判断眼睛是否疲劳，从而判断是否需要告警。

人眼坐标示意图如图 5-1 所示。

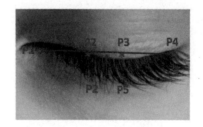

图 5-1　人眼坐标示意图

这里通过定义 EAR 的阈值来判断眼睛是否闭合或张开。通常情况下，判断眼睛是否疲劳考虑到眼睛同步张开或闭合，从而 EAR 选取的不是单个眼睛而是双眼的 EAR 累计值。

EAR 的值会随着眼睛的运动而变化，当 EAR 小于最小 EAR 的阈值时，我们认为眼睛闭合一次，计数器加 1。我们可以假定连续帧中眨眼 20 次为疲劳，通过条件判断提出疲劳告警，或者对 EAR 的值进行平滑处理。

5.1.3 MediPipe 监测 EAR

由于 MediPipe 的出现，使得通过低功耗 CPU 实时监测 EAR 成为可能。我们通过调用 MediaPipe 的 Facemesh 解决方案获取人眼的 6 点坐标（见图 5-2），从而计算左右眼的 EAR 获取到平均值，进而和阈值进行比较，判断眼睛是否闭合。

图 5-2 MediaPipe 的 Facemesh 方案识别出来的人脸关键点（包含眼睛）

图 5-3 是 MediaPipe 的 Facemesh 方案识别人脸关键点的流程。

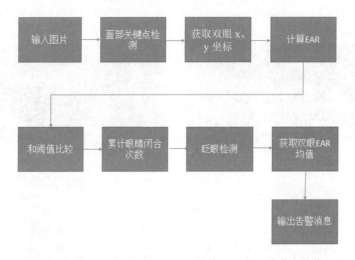

图 5-3 MediaPipe 的 Facemesh 方案计算 EAR 进行疲劳告警的流程图

1. 获取眼睛关键点

使用面部检测或关键点定位模型（如 Dlib 或 MediaPipe Facemesh）来获取眼睛的特征点（通常是关键点），这些关键点包括眼睑的外角、内角和上下眼睑的中心。

2. 计算眼睛的水平和垂直距离

使用获取到的眼睛关键点来计算眼睑的水平距离和垂直距离。一般情况下，可以测量以下距离：

- 水平距离：外角到内角之间的距离。
- 垂直距离 1：上眼睑的中心到下眼睑的中心之间的距离。
- 垂直距离 2：上眼睑的上边缘到下眼睑的下边缘之间的距离。

3. 计算 EAR 值

通常 EAR 值的计算方式是水平距离与两个垂直距离的比值。

4. 设定阈值

根据应用的需求，设定一个合适的 EAR 阈值，以确定眼睛的状态，例如闭合或打开。通常，当 EAR 值小于阈值时，表示眼睛闭合。

5. 状态检测

监测 EAR 值随时间的变化，当 EAR 值小于阈值时，表示眼睛闭合，否则表示眼睛打开。可以结合时间来检测眨眼的频率，以及检测是否处于眨眼状态。

代码清单 5-1 Facemesh 计算 EAR 的代码

```
with mp_face_mesh.Facemesh(
        min_detection_confidence=0.5,
        min_tracking_confidence=0.5) as face_mesh:
    while cap.isOpened():
    success, image = cap.read()

    if not success:
        print("Ignoring empty camera frame.")
        continue


    imgb = np.zeros_like(image, dtype="uint8")
```

```
# 将 BGR 转换成 RGB 格式用于 OpenCV 处理
landmarks, results = getLandmarks(cv2.cvtColor(image, cv2.COLOR_BGR2RGB))


image.flags.writeable = True
 right_eye_image = getRightEye(image, landmarks)
   right_eye_height, right_eye_width, _ = right_eye_image.shape


   x_right_eye, y_right_eye, right_eye_width, right_eye_height =
   get_right_eye_rect(image, landmarks)
   cv2.rectangle(image, (x_right_eye, y_right_eye), (x_right_eye +
   right_eye_width, y_right_eye + right_eye_height),(200, 21, 36), 2)


   left_eye_image = getLeftEye(image, landmarks)
   left_eye_height, left_eye_width, _ = left_eye_image.shape


   x_left_eye, y_left_eye, left_eye_width, left_eye_height =
   get_left_eye_rect(image, landmarks)
   cv2.rectangle(image, (x_left_eye, y_left_eye), (x_left_eye +
   left_eye_width, y_left_eye + left_eye_height), (200, 20, 30),2)


   eyeAspectRatio = ( (right_eye_height) / (right_eye_width) +
                      (left_eye_height) / (left_eye_width)) / 2
```

上述代码是使用 Python 和 OpenCV 库来检测和标记人脸的眼睛区域。

【代码说明】

- with mp_face_mesh.Facemesh(min_detection_confidence=0.5, min_tracking_confidence=0.5) as face_mesh：创建了一个名为 face_mesh 的 Facemesh 对象，用于检测和跟踪人脸。min_detection_confidence 参数表示最小检测置信度，min_tracking_confidence 参数表示最小跟踪置信度。

- while cap.isOpened()：这是一个无限循环，它会一直运行，直到摄像头被关闭。

- success, image = cap.read()：从摄像头读取一帧图像，并将其存储在 image 变量中。如果读取成功，success 将为 True，否则为 False。

- if not success：检查是否成功读取了图像。

- print("Ignoring empty camera frame.")：如果读取失败，将打印一条消息，表示忽略空的摄像头帧。

- continue：如果读取失败，跳过当前循环的剩余部分，并开始下一次循环。

- imgb = np.zeros_like(image, dtype="uint8")：创建一个与输入图像大小相同的全零数组，数据类型为无符号 8 位整数（即每个像素的值范围为 0 到 255）。

- landmarks, results = getLandmarks(cv2.cvtColor(image, cv2.COLOR_BGR2RGB))：将输入图像从 BGR 格式转换为 RGB 格式，然后调用 getLandmarks 函数来获取人脸的特征点。返回的特征点存储在 landmarks 变量中，而结果存储在 results 变量中。

- image.flags.writeable = True：将输入图像的可写标志设置为 True，以便可以修改图像的内容。

- right_eye_image = getRightEye(image, landmarks)：调用 getRightEye 函数来获取右眼的区域，并将结果存储在 right_eye_image 变量中。

- right_eye_height, right_eye_width, _ = right_eye_image.shape：获取右眼图像的高度、宽度和通道数。

- x_right_eye, y_right_eye, right_eye_width, right_eye_height = get_right_eye_rect(image, landmarks)：调用 get_right_eye_rect 函数来获取右眼矩形的位置和尺寸，并将结果存储在相应的变量中。

- cv2.rectangle(image, (x_right_eye, y_right_eye), (x_right_eye + right_eye_width, y_right_eye + right_eye_height), (200, 21, 36), 2)：在输入图像上绘制一个矩形，表示右眼的位置和尺寸。矩形的颜色为 (200, 21, 36)，线条宽度为 2。

- left_eye_image = getLeftEye(image, landmarks)：调用 getLeftEye 函数来获取左眼的区域，并将结果存储在 left_eye_image 变量中。

- left_eye_height, left_eye_width, _ = left_eye_image.shape：获取左眼图像的高度、宽度和通道数。

- x_left_eye, y_left_eye, left_eye_width, left_eye_height = get_left_eye_rect(image, landmarks)：调用 get_left_eye_rect 函数来获取左眼矩形的位置和尺寸，并将结果存储在相应的变量中。

- cv2.rectangle(image, (x_left_eye, y_left_eye), (x_left_eye + left_eye_width, y_left_eye + left_eye_height), (200, 20, 30),2)：在输入图像上绘制一个矩形，表示左眼的位置和尺寸。矩形的颜色为 (200, 20, 30)，线条宽度为 2。

- eyeAspectRatio = ((right_eye_height) / (right_eye_width) + (left_eye_height) / (left_eye_width)) / 2：计算眼睛的长宽比（aspect ratio），并将结果存储在 eyeAspectRatio 变量中。

这里我们选取阈值为 0.3，如果平均 EAR 小于 0.3，则认为眼睛处于闭合状态，可以消除偶然的误报警，比如由于光照条件或反射造成的误差。

```
if (eyeAspectRatio < 0.2):
    sleep += 1
    if (sleep > 6):
        status = " 疲劳告警 "
```

【代码说明】

- if (eyeAspectRatio < 0.2)：是一个条件语句，判断眼睛纵横比是否小于 0.2。如果条件成立，即眼睛纵横比小于 0.2，则执行下一行代码。

- sleep += 1：是将变量 sleep 的值加 1 的操作。

- if (sleep > 6)：是一个条件语句，判断变量 sleep 的值是否大于 6。如果条件成立，即 sleep 的值大于 6，则执行下一行代码。

- status = " 疲劳告警 "：是将变量 status 的值设置为"疲劳告警"的操作。

代码的作用是检测眼睛纵横比是否小于 0.2，并根据连续不满足条件的次数来更新状态变量 status 的值。当眼睛纵横比连续不满足条件超过 6 次时，会触发"疲劳告警"。

MediaPipe 的 Facemesh 方案是一种基于深度学习的人脸识别技术。它通过将人脸图像输入神经网络模型中，可以自动检测和识别出人脸的位置、形状和特征。首先使用一组预训练的神经网络模型对输入的人脸图像进行特征提取和分析。然后，它将提取的特征输入一个名为 Facemesh Network 的神经网络模型中，该模型可以将二维的人脸图像转换为三维点云数据。最后，使用这些三维点云数据来重建人脸的几何形状和表面细节，从而实现更精确和准确的人脸识别。

5.2 AR 激光剑效果

借助 MediaPipe 的实时推理特性，我们可以实现很多有趣的效果，比如进行动作追踪，实时显示骨骼关节点，并附加各种视觉特效。

本节以激光剑为例来介绍如何实现 AR 跟随的激光剑效果，设计的总体思路是通过获取手部的关键点位置，绘制对应的激光剑图形附着在指定的节点上。

接下来介绍具体的 AR 激光剑的实现步骤。

5.2.1 游戏策划

1. 游戏策划步骤

一般来说，设计一款游戏的策划包含如下几个步骤。

（1）定义目标玩家群体。确定你的游戏主要针对哪类用户，例如年龄段、职业等，这可以帮助确定游戏的难度、风格和内容。

（2）设计游戏玩法。思考游戏的玩法，例如玩家可以使用手势控制激光剑，或者通过 AR 摄像头追踪玩家的动作来控制激光剑。同时，还可以设计游戏的关卡、挑战和奖励机制。

（3）开发游戏原型。使用游戏引擎或其他工具开发一个游戏原型，用于测试游戏的玩法和视觉风格。可以通过这个原型来收集玩家的反馈，并对游戏进行调整。

（4）制定视觉风格。设计游戏的背景、角色和道具的外观，并确定使用的图形、颜色和质感，这可以帮助你塑造游戏的故事情节和氛围。

（5）完善游戏内容。在开发游戏原型的基础上，继续完善游戏的内容，例如增加关卡、挑战和奖励机制，也可以考虑添加多人对战模式、联机功能或其他新颖的玩法。

（6）发布游戏。将游戏发布到合适的平台，例如 App Store、Google Play 等，让更多的玩家来体验游戏。

2. 游戏的玩法

这里我们对游戏的玩法进行解释和阐述。

（1）我们打算模仿激光剑的样式绘制一个发光体，并且发光体会根据手势的移动而移动，当发光体接触到其他障碍物时，会有相关的碰撞特效产生。

（2）激光剑的效果如图 5-4 所示。这里我们根据需要进行调整，绘制区域改成根据手势绘制盾牌，并且盾牌中心沿着轴向转动，实现类似动画中的防卫效果。盾牌的位置会根据手指中心的运动而移动。

（3）同时，我们针对右手中心点放置激光剑，随着手部运动而变换位置或做出对应的旋转等，如图 5-5 所示。

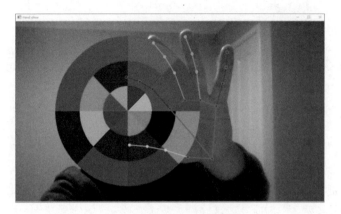

图 5-4 AR 激光剑效果示意图 1   图 5-5 AR 激光剑效果示意图 2

5.2.2 准备和设计图片资源

本小节设计和制作一个数字激光剑。总体来说，激光剑包含 3 部分，我们使用 OpenCV 库来制作这个小游戏，首先是剑柄部分，这里选取一个黑色经典的剑柄，绘制一个 10×40 的矩形，用黑色填充。

然后设计剑身部分，在色彩规划方面，这里采用红色和蓝色渐变色代表激光剑的火焰部分。设计好的图案如图 5-6 和图 5-7 所示。

图 5-6 AR 激光剑剑柄图例   图 5-7 AR 激光剑（剑身 + 剑柄）图例

5.2.3 编写脚本

脚本分为两部分。

首先是手掌（拳头）闭合状态下显示盾牌效果。这里需要判断拳头是否闭合，通过大拇指和食指之间的距离以及食指和小指之间的距离来判定。代码如下。

代码清单 5-3 检测手掌是否闭合的函数

```
def checkHandStatus(lmLists,width,height):
    x1=(lmLists[7][0]-lmLists[4][0])*width
    y1=(lmLists[7][1]-lmLists[4][1])*height
    d1=math.sqrt(x1*x1+y1*y1)
    x2=(lmLists[7][0]-lmLists[19][0])*width
    y2=(lmLists[7][1]-lmLists[19][1])*height
    d2=math.sqrt(x2*x2+y2*y2)
    r=d1/d2
    #print("r:",r)
    close_ratio=0.9
    up_ratio=1.2
    r=(max(close_ratio,min(up_ratio,r))-close_ratio)/(up_ratio-close_ratio)
    global prev_r
    r=0.7*prev_r +0.3*r
    prev_r=r
    return r
```

上述代码定义了一个名为 checkHandStatus 的函数，该函数接受三个参数：lmLists、width 和 height。

lmLists 是一个包含手部关键点坐标的列表。

width 和 height 是图像的宽度和高度。

函数的主要目的是计算两个手指之间的距离（d1 和 d2），然后计算它们的比例（r）。接下来，它使用一些阈值（close_ratio 和 up_ratio）来调整比例值。最后，它将当前比例值与之前的比例值进行加权平均，并将结果存储在全局变量 prev_r 中。

函数返回最终的比例值 r。

然后，在手指张开状态下，对激光剑进行动画展开处理，通过旋转拳头将剑身移动相同的角度，为了使画面更具效果，这里将剑身放大 3 倍。为了实现整个效果，我们需要找到拳头的中心。这里把手掌想象成一个椭圆，通过 OpenCV 的 fitEllipse() 函数找到椭圆的相关信息，ellipse = [(x, y) , (a, b), angle]。其中 (x,y) 代表椭圆焦点的坐标，(a,b) 分别代表长短轴的长度，angle 代表椭圆中心的旋转角度。图 5-8 表示手指关键点 1～20 构建了椭圆。

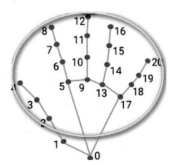

图 5-8 手掌拟合成椭圆示意图

通过 findCore 函数输入手部关键点 list 获取手部椭圆的相关 Tuple 信息，可以通过 Tuple 的下标进行访问。代码如下：

代码清单 5-4 获取椭圆信息

```
def findCore(lmLists,width,height):
    new_lmLists = lmLists
    del new_lmLists[0:2]
    print("new_lmLists.shape",len(new_lmLists))
    np_lmLists = np.asarray(new_lmLists, dtype=np.float32)
    ell_hand= cv2.fitEllipse(np_lmLists);
    return ell_hand
```

其中，cv2.fitEllipse() 是 OpenCV 中用于拟合椭圆的函数。它的输出包括以下内容：

- center：椭圆的中心坐标。
- size：椭圆的尺寸，表示为 (width, height) 的形式，其中 width 是椭圆的长轴长度，height 是椭圆的短轴长度。
- angle：椭圆的旋转角度，表示椭圆的长轴与水平线的夹角。角度的单位为度，范围为 0 ~ 360 度。

cv2.fitEllipse() 函数的输出表示拟合出来的椭圆的中心坐标为 (852.8310546875, 201.51730346679688)，长短轴尺寸分别为 (407.12939453125, 545.2373046875)，旋转角度为 48.6860237121582 度。

代码清单 5-5 函数的输出示例

```
Type:        tuple
String form: ((852.8310546875, 201.51730346679688), (407.12939453125,
545.2373046875), 48.6860237121582)
Length:      3
```

为了实现在指定位置叠加图片，使得虚拟道具（本例中为激光剑）显示在指定位置，需要用到 image overlay 函数，该函数的作用是在原有的图像上叠加标注信息。

图 5-9 给出了具体的图片叠加流程。

这里假定道具图片是带透明图层的 PNG 格式，即包含 Alpha 通道。为了使虚拟道具显示得更为真实，这里使用道具图片作为需覆盖的图片即 Filter Image，创建 Filter Image 的遮罩（Mask），即图 5-9 中的步骤 2（通过将图片转换成灰度图并通过阈值来获取，或者直接通过获取 PNG 图片的 Alpha 通道使用 bitwise_not 函数生成）。

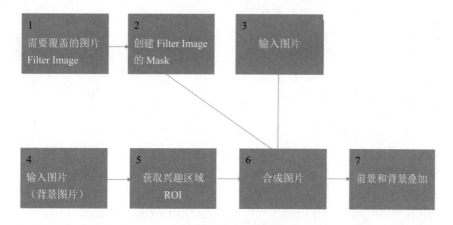

图 5-9　叠加图片流程图

接下来，针对每一帧上的待处理区域进行处理，这里为感兴趣区域（Region Of Interest，ROI），最终该图片区域需要被叠加后的图片替代。步骤 6 在 ROI 区域上执行像素按位与操作，使用 bitwise_and 函数结合 filter image 的遮罩，一旦完成，叠加图片内的相应区域会被置为 0。

接下来，我们将使用 OpenCV 的 add 函数，将上述操作和原始叠加图片进行图像相加融合。

最后将前景和背景叠加好的图片替换到原始视频帧的指定位置，newFrame[y:y + h, x:x + w] = cv2.add(img1_bg, img2_fg)。

至此，整个图片叠加过程完成。

以下我们在 MediaPipe 识别出手部关键点的基础上添加上述功能，代码如下。

代码清单 5-6　图片叠加功能

```
def overlay_image_alpha(targetImg, x, y, size=None):
    if size is not None:
        #targetImg = cv2.resize(targetImg, size)
        width = int(targetImg.shape[1] * size)
        height = int(targetImg.shape[0] * size)
        dimensions = (width,height)
        targetImg = cv2.resize(targetImg,dimensions,cv2.INTER_AREA)

    newFrame = frame.copy()
    b, g, r, a = cv2.split(targetImg)
    overlay_color = cv2.merge((b, g, r))
    mask = cv2.medianBlur(a, 1)
    mask = mask.astype("uint8")

    _, filter_img_mask = cv2.threshold(cv2.cvtColor(targetImg,
                                       cv2.COLOR_BGR2GRAY), 25, 255,
```

```
                                             cv2.THRESH_BINARY_INV)

    h, w, _ = overlay_color.shape
    print('h=', h)
    print('w=', w)
    roi = newFrame[y:y + h, x:x + w]
    print('roi:',y,y+h,x,x+w)
    img1_bg = cv2.bitwise_and(roi.copy(), roi.copy(),
                mask=cv2.bitwise_not(mask))

    img2_fg = cv2.bitwise_and(overlay_color, overlay_color,
                mask=filter_img_mask)

    newFrame[y:y + h, x:x + w] = cv2.add(img1_bg, img2_fg)

    return newFrame
```

上述代码定义了一个名为 overlay_image_alpha 的函数，用于将一幅带有透明度的图像叠加到另一幅图像上。函数接收 4 个参数：targetImg（目标图像）、x（叠加图像在目标图像上的 x 坐标）、y（叠加图像在目标图像上的 y 坐标）和 size（可选参数，表示缩放目标图像的大小）。

【代码说明】

首先，如果提供了 size 参数，代码将计算新的宽度和高度，并使用 cv2.resize 函数按比例缩放目标图像。

然后，创建一个新的帧 newFrame，并将 targetImg 从 BGR 空间转换为 RGB 空间。将目标图像的蓝色、绿色和红色通道合并为一个名为 overlay_color 的单通道。

接着，使用中值滤波器对目标图像的透明度通道进行模糊处理，然后将其转换为 uint8 类型。

接着，将目标图像转换为灰度图像，并应用阈值处理得到二值化的掩码 filter_img_mask。

接着，获取 overlay_color 的高度和宽度。根据给定的坐标和尺寸，从 newFrame 中提取感兴趣区域（ROI）。

接着，使用 cv2.bitwise_and 函数分别提取 ROI 的背景和前景部分，其中前景部分受到 filter_img_mask 的掩码限制。使用 cv2.bitwise_and 函数分别提取 overlay_color 的前景和背景部分，其中前景部分受到 filter_img_mask 的掩码限制。

接着，将提取的背景和前景部分相加，然后将结果存储到 newFrame 的相应位置。

最后，返回处理后的 newFrame。

当我们判断出手部旋转角度、手掌中心点，并定义好图片叠加的函数后，可以通过下面的函数对激光剑进行绘制。总体思路是获取旋转角度，将图片偏转，然后进行屏幕重绘操作。代码如下。

代码清单 5-7　激光剑绘制函数

```
def draw_pic():
 global agle
 agle=ell_hand[2]
 print('angle:',agle)
 if agle<90:
      agle=agle-180

 mul = r * (ell_hand[1][1]*2)/ img_1.shape[1]
 center = (ell_hand[0][0],ell_hand[0][1])
 rotate_matrix = cv2.getRotationMatrix2D(center=center, angle=agle, scale=1)
 x1,y1=ell_hand[0][0],ell_hand[0][1]
 x1 = round(x1 - (img_1.shape[1] / 2))
 y1 = round(y1 - (img_1.shape[0] / 2))
 h, w, c = frame.shape
 print('h=',h)
 print('w=',w)

 if x1 < 0:
   x1 = 0
 elif x1 > w:
   x1 = w
 if y1 < 0:
   y1 = 0
 elif y1 > h:
   y1 = h
 print('x1=',round(x1))
 print('y1=',round(y1))
 rotated_image = cv2.warpAffine(src=img_1, M=rotate_matrix,
          dsize=(img_1.shape[1] , img_1.shape[0]))
 frame = overlay_image_alpha(rotated_image, x1, y1, 1)
```

上述代码定义了一个名为 draw_pic() 的函数，用于处理一幅图片（frame）上的手部关键点（ell_hand）并将其旋转到指定角度。

【代码说明】

首先，定义全局变量 agle，并将 ell_hand[2] 赋值给它。

然后，打印 agle 的值。如果 agle 小于 90 度，将其减去 180 度。

接着，计算旋转中心点 center。

接着，使用 cv2.getRotationMatrix2D() 函数获取旋转矩阵 rotate_matrix。

接着，获取手部关键点的坐标（x1, y1）。将坐标减去图片的中心点，使其位于图片的中心位置。

接着，获取图片的高度、宽度和通道数。

接着，打印图片的高度和宽度。

接着，确保旋转后的坐标在图片范围内。

接着，使用 cv2.warpAffine() 函数根据旋转矩阵对图片进行旋转。

最后，将旋转后的图片叠加到原图片上。

执行后的输出如图 5-10 ～图 5-13 所示。可以看出，随着手部的运动，激光剑随之做出相应的位移旋转。

图 5-10 激光剑绘制效果图 1（运动状态）

图 5-11 激光剑绘制效果图 2（运动状态）

图 5-12 激光剑绘制效果图 3（运动状态）

图 5-13 激光剑绘制效果图 4（运动状态）

至此，激光剑特效制作完成了。

接下来进行盾牌的设计。

这里我们画 3 个同心的圆形，每个圆形平均切成 12 均等分，并且 3 个圆的直径成倍增加。对于色彩，我们通过随机 R、G、B 获取不同的调色。然后通过 OpenCV 的 ellipse 来绘制椭圆（这里用来绘制圆形）。Python 中调用 OpenCV 绘制椭圆的函数如下：

```
cv2.ellipse(image, centerCoordinates, axesLength, angle, startAngle, endAngle,
color [, thickness[, lineType[, shift]]])
```

其中，image 是需要绘制椭圆的图片，centerCoordinates 代表椭圆的圆心位置 x、y 坐标，axesLength 是个元组（Tuple），用于指定椭圆长短轴的长度（直径），当长短轴相等的时候，则为圆形。

Angle 为椭圆的偏转角，接下来的两个参数 startAngle、endAngle 为绘制扇形的开始和结束角度，color 为绘制的色彩，可选参数 thickness 用于控制线条粗细。

盾牌绘制函数的代码如下。

代码清单 5-8 盾牌绘制函数

```
for size in range(300, 0, -100):
    for ang  in range(0, 360, DELTA):
            r = random.randint(0, 256)
            g = random.randint(0, 256)
            b = random.randint(0, 256)
            cv2.ellipse(frame,(center_x,center_y), (size, size), 0, ang, ang +
DELTA, (r, g, b), cv2.FILLED)
```

上述代码构建了两个循环，外层循环控制绘制椭圆的直径，内层循环控制切分的角度和扇形的数量。最内层绘制每个切片，颜色随机产生。

这里使用 cv2.ellipse 绘制若干椭圆来构成盾牌。

```
Cv2.ellipse(frame,(center_x,center_y), (size, size), 0, angle, angle + DELTA, (r,
g, b), cv2.FILLED)。
```

其中，cv2.ellipse 是 OpenCV 库中用于绘制椭圆的函数，它有以下参数：image 表示输入的图像，center 表示椭圆的中心坐标，axes 表示椭圆的长轴和短轴的长度，angle 表示椭圆的旋转角度，startAngle 和 endAngle 表示椭圆的起始和结束角度，color 表示绘制的颜色，thickness 表示绘制的线条粗细，lineType 表示绘制的线条类型，shift 表示绘制的起点偏移量。

- frame：这是要在其上绘制椭圆的图像（通常是一个 NumPy 数组，即图像）。椭圆将被绘制在 frame 上。

- (center_x, center_y)：这是椭圆的中心坐标，表示为一个元组，包含 center_x 和 center_y，分别是椭圆的中心点在图像上的 x 和 y 坐标。

- (size, size)：这是一个元组，包含两个值，表示椭圆的主轴和次轴的长度。在这个情况下，两个轴的长度都设置为 size，因此绘制的椭圆是一个圆。

- 0：这是椭圆的旋转角度。在这里，它被设置为 0 度，表示椭圆不旋转，是一个正圆。

- angle：这是椭圆弧的起始角度，以度为单位。它定义了椭圆弧的起始位置。

- angle + DELTA：这是椭圆弧的结束角度，以度为单位。它定义了椭圆弧的结束位置。DELTA 通常是一个角度增量，用于定义要绘制的椭圆部分，如果 DELTA 为 360 度，整个椭圆将被绘制。

- (r, g, b)：用于绘制椭圆的颜色。它通常表示为一个元组，包含三个整数值，分别是蓝色、绿色和红色通道的颜色值。这种表示方式常见于 BGR 颜色模型。

- cv2.FILLED：这个参数指定了椭圆的绘制模式，cv2.FILLED 表示填充模式，即绘制一个实心椭圆而不是仅绘制轮廓线。

上述代码是在图像 frame 上绘制一个填充的椭圆，位于 (center_x, center_y) 处，主轴和次轴的长度相等（一个圆），颜色为（R,G,B），并且是一个从 angle 到 angle + DELTA 的椭圆弧。

绘制好的盾牌效果如图 5-14 所示。

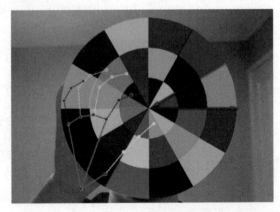

图 5-14 绘制好的盾牌效果

当我们举起手掌处于摄像头取景范围时，大拇指和食指的中间为圆心的部分产生一个盾牌，由于 MediaPipe 对手部关键点是实时推理的，并且摄像头每帧获取一个随机的颜色进行盾牌的绘制，画面效果是感觉盾牌的轴心在转动，有着不错的视觉体验。

实现上述效果的完整的代码如下。

代码清单 5-9 完整代码清单

```
import cv2
import mediapipe as mp
import math
wC,hC=1280,720
cap=cv2.VideoCapture(0)
cap.set(3,wC)
cap.set(4,hC)

from matplotlib import pyplot as plt
import cv2
import numpy as np
import random

mp_drawing = mp.solutions.drawing_utils
mp_drawing_styles = mp.solutions.drawing_styles
mpHands = mp.solutions.hands
mp_hands = mpHands.Hands()
#
prev_r = 0
agle=0
img_1 = cv2.imread('image/lightsaber_1.png', -1)

DELTA = 360 // 12

img = np.zeros((700, 700, 3), np.uint8)
img[::] = 255

while cap.isOpened():
    _, frame = cap.read()
    frame = cv2.flip(frame, 1)
    frame.flags.writeable = False
    frame = cv2.cvtColor(frame, cv2.COLOR_BGR2RGB)
    results = mp_hands.process(frame)
    frame.flags.writeable = True
    frame = cv2.cvtColor(frame, cv2.COLOR_RGB2BGR)
    if results.multi_hand_landmarks:
      for hand_landmarks in results.multi_hand_landmarks:
        lmLists = []
        for id, lm in enumerate(hand_landmarks.landmark):
            h,w,_ = frame.shape
            lmLists.append([int(lm.x * w), int(lm.y * h)])
        if len(lmLists)!=0:
            #print(lmLists[4],lmLists[8])
            x1,y1=lmLists[4][0],lmLists[4][1]
            x2,y2=lmLists[8][0],lmLists[8][1]
```

```
                        center_x,center_y=(x1+x2)//2,(y1+y2)//2

                        cv2.circle(frame,(x1,y1),20,(0,0,255),cv2.FILLED)
                        cv2.circle(frame,(x2,y2),20,(0,0,255),cv2.FILLED)
                        cv2.line(frame,(x1,y1),(x2,y2),(0,0,0),4)
                        #cv2.circle(frame,(center_x,center_y),20,(0,0,255),cv2.FILLED)
                        r=checkHandStatus(lmLists,w,h)

                        ell_hand = findCore(lmLists,w,h)
                        #ell_hand.info()
                        frame = draw_pic()
                        for size in range(300, 0, -100):
                            for angle in range(0, 360, DELTA):
                                r = random.randint(0, 256)
                                g = random.randint(0, 256)
                                b = random.randint(0, 256)
                                cv2.ellipse(frame,(center_x,center_y), (size, size), 0, ang,
                                            ang + DELTA, (r, g, b), cv2.FILLED)

                mp_drawing.draw_landmarks(
                    frame,
                    hand_landmarks,
                    mpHands.HAND_CONNECTIONS,
                    mp_drawing_styles.get_default_hand_landmarks_style(),
                    mp_drawing_styles.get_default_hand_connections_style())
            cv2.imshow('Hand show', frame)
            if cv2.waitKey(5) & 0xFF == 27 & 0xFF == ord("q"):
              break
            if cv2.getWindowProperty('Hand show',cv2.WND_PROP_VISIBLE) < 1:
              break
        cap.release()
        cv2.destroyAllWindows()
```

上述代码的主要目的是使用 MediaPipe 库检测手部关键点，并在图像上绘制关键点和一些随机的椭圆。

【代码说明】

首先，导入所需的库，包括 cv2（OpenCV）、MediaPipe，Math 和 Matplotlib。然后，设置摄像头的分辨率为 1280×720，并打开摄像头。

接着，定义了一些变量和函数，包括一些用于处理图像的函数和一些用于绘制关键点和椭圆的函数。

然后，它进入一个 while 循环，不断地从摄像头读取图像，处理图像，然后在图像上绘制关键点和椭圆。

在处理图像的过程中，首先将图像转换为 BGR 格式，然后检测手部关键点，并将关键点的坐标转换为相对于图像宽度和高度的比例。然后，计算关键点的中心点，并在图像上绘制这些关键点。

最后，显示处理后的图像，并在用户按 Q 键时退出循环。

5.2.4　测试和预览效果

前面已经介绍了如何在 MediaPipe 框架下绘制激光剑和盾牌，预览效果如图 5-15 和图 5-16 所示。

图 5-15　激光剑效果图

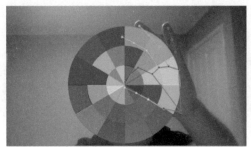

图 5-16　盾牌效果图

5.3　火箭发射小游戏

本节使用 MediaPipe 的视觉特别功能来实现一个火箭发射小游戏。在本游戏中，我们使用了泰勒斯基本比例定理算法。

泰勒斯基本比例定理是一种用于导弹追踪的算法，它可以根据目标运动的特征计算导弹的转向角，使得导弹能够追踪到目标。

泰勒斯基本比例定理作为平面几何的基本定理，常用于各种路径追踪。在泰勒斯基本比例定理中，如果一条线平行于三角形的一条边，该边与另一条边相交成两个不同的点，那么这条线将这些边按比例分开。

泰勒斯基本比例定理的基本原理是：导弹和目标之间的距离与导弹的转向角成反比。也就是说，如果导弹和目标之间的距离越大，导弹的转向角就越小；如果导弹和目标之间的距离越小，导弹的转向角就越大。

泰勒斯基本比例定理的具体应用方法是：

计算导弹和目标之间的距离，并计算导弹的期望位置，即在接下来的一段时间内，导弹期望到达的位置。计算导弹和期望位置之间的距离，并根据泰勒斯基本比例定理计算导弹的转向角。根据转向角调整导弹的运动方向，使得导弹能够追踪到目标。

泰勒斯基本比例定理在导弹追踪算法中有广泛的应用，它可以在追踪的过程中自动调整导弹的运动方向，使得导弹能够追踪到目标。

通常，为了增强游戏的趣味性，大多数游戏中会添加火箭或子弹自动追踪的功能。大多数游戏中关于火箭追踪目标的算法有两种。第一种称为 Pure Pursuit，火箭会根据目标的位置不停地调整角度直至发生碰撞为止，这类算法比较直接，也有自己的弊端，由于火箭不停按照最长路径进行调整，经常有大角度产生并且目标很容易脱离；第二种称为 Lead Collision，通过计算目标截距寻找最优路径，并且会不断预测命中点的位置。

 Pure Pursuit 算法是一种用于自动驾驶车辆路径跟踪的算法。它通过计算目标车辆与当前车辆之间的相对位置和速度，来调整当前车辆的方向，使其沿着期望的路径行驶。

在第二种算法中，首先需要找到目标物体的位置和速度向量，以便可以预测下一帧的位置坐标，同时需要火箭的位置坐标和绝对速度。我们以目标物体的下一帧位置为圆心，火箭的绝对速度为半径画一个圆，这个圆会和视线相交，得到的相交点和目标的下一帧会得到一个向量，我们把火箭的运动设置在这个向量方向上，则会击中物体。如果想找到最终击中点，则需找到当前构成的三角形和最终的三角形之间的比例关系，如图 5-17 所示。

我们使用视线的长度除以视线交点到目标的距离进行比例的估算，这里假定等于 3。那么，可以使用火箭的速度向量乘以 3 从而获取最终击中点，如图 5-18 所示。

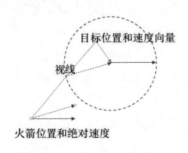

图 5-17 追踪原理示意图 1

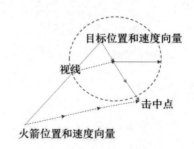

图 5-18 追踪原理示意图 2

以下我们使用 Pygame 来模拟这一过程，游戏的总体思路是识别手指并通过手指移动控制游戏角色，通过游戏火箭瞄准目标点进行跟踪，手指移动并发射火箭，当火箭和手指发生碰撞时，游戏结束，在屏幕上输出相关信息。这里有着各种假定和限制，比如手指不能移动到摄像头外。

我们使用 Pygame 来构建这个小游戏，Pygame 是专为游戏设计的 Python 模块包。它提供了一组功能强大的工具和函数，具备丰富的图形和声音处理功能，能够让开发者轻松地开发各种类型的游戏。Pygame 能够在许多平台上运行。

使用 Pygame 开发游戏的基本流程如下：

- 导入 Pygame 库的模块。
- 初始化 Pygame。
- 加载游戏资源（图像、声音等）。
- 创建游戏窗口。
- 编写游戏的主循环，在循环中处理游戏的逻辑和用户的输入。
- 在游戏的主循环中绘制游戏的界面。

Pygame 支持常见的图形和声音编辑，通过设定的游戏框架可以让开发者关注游戏逻辑本身，所有游戏构建所需要的资源都可以由类似 Python 的编程语言提供。

使用 Pygame 构建游戏的步骤如下：首先引入相对应的 Package，初始化相关变量，创建指定分辨率的窗体，接着初始化 FPS 的时钟，通过循环获取事件，并且在循环中加入游戏的判定逻辑、是否击中或其他预定事件，同时更新窗体或显示，并且设置帧率的显示。

使用以下代码创建一个简单的游戏窗口，可以在此基础上继续开发自己的游戏。

代码清单 5-10 Pygame 初始化游戏框架

```
# 导入 Pygame 库，并初始化 Pygameimport pygame
pygame.init()

# 设置游戏窗口的宽度和高度，并创建一个游戏窗口对象。pygame.display.set_caption(" 第一个小游
戏 ") 用于设置窗口的标题为 " 第一个小游戏 "
width,height=1280,720
window=pygame.display.set_mode((width,height))
pygame.display.set_caption(" 第一个小游戏 ")

# 初始化帧率（FPS）为 30，并创建一个时钟对象来控制游戏的帧率 FPS=30
clock=pygame.time.Clock()
```

以下部分是游戏主循环，它会一直运行直到 startFlag 变为 False。在每次循环中，首先处理所有的事件，如果检测到 pygame.QUIT 事件（用户关闭了窗口），则将 startFlag 设置为 False，退出游戏循环。然后，用黑色填充整个窗口，更新显示内容，并控制游戏的帧率为指定的 FPSstartFlag=True

```
while startFlag:
    for event in pygame.event.get():
        if event.type == pygame.QUIT:
            startFlag=False
            pygame.quit()
    window.fill((0,0,0))
    pygame.display.update()
    clock.tick(FPS)
```

执行上述代码，可以得到一个纯黑的窗体作为该游戏的窗口，如图 5-19 所示。

通过上述代码创建了一个 1280×720 的窗口，背景颜色为黑色，标题为"第一个小游戏"。通过 startFlag 建立程序的循环，执行程序后，会自动创建并打开一个窗口。

图 5-19 第一个游戏窗口的创建

接下来是逻辑实现部分。

我们引入资源文件并画一个圆圈，将火箭的尺寸缩放到指定的大小。这里用到了 pygame.draw.circle 函数，pygame.draw.circle 是 Pygame 中用于在屏幕上绘制圆形的函数。它的语法格式如下：

```
pygame.draw.circle(surface, color, center, radius, width=0)
```

其中，surface 表示要绘制圆形的表面，color 表示圆形的颜色，center 表示圆形的中心坐标，radius 表示圆形的半径，width 表示圆形的线条粗细（默认为 0，表示填充圆形）。

接着通过 .blit() 和 .flip() 函数输出需要显示的内容。blit() 函数是复制 Surface 的内容到另一个 Surface 实例上，并且通过 pygame.display.flip 显示内容，如图 5-20 所示。

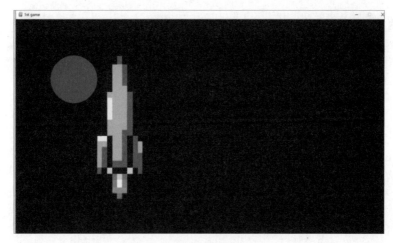

图 5-20　在游戏窗体中显示火箭

实现代码如下。

代码清单 5-11　绘制圆形

```
img_fore=pygame.transform.scale(img_fore,(85,150))
pygame.draw.circle(window,(0,0,255),(50,50),50) # 画一个蓝色的圆
```

其中，window 代表需要绘制在该窗口上，(0,0,255) 代表 RGB 蓝色。(50,50) 表示圆的中心点位置，最后一个参数 50 代表圆的半径。

在游戏窗体中绘制的圆形如图 5-21 所示。

图 5-21　在游戏窗体中绘制的圆形

这里设计一个 Player 类，用于绘制并移动我们的游戏角色。

Player 类的定义

```
class Player(pygame.sprite.Sprite):
    def __init__(self):
        super(Player,self).__init__()
        self.surf = pygame.Surface((80,80))
        self.surf.fill((255,255,255))
        self.rect=self.surf.get_rect()
    def update(self, pressed_keys):
        if pressed_keys[K_UP]:
            self.rect.move_ip(0, -5)
        if pressed_keys[K_DOWN]:
            self.rect.move_ip(0, 5)
        if pressed_keys[K_LEFT]:
            self.rect.move_ip(-5, 0)
        if pressed_keys[K_RIGHT]:
            self.rect.move_ip(5, 0)
        if self.rect.left < 0:
            self.rect.left = 0
        if self.rect.right > width:
            self.rect.right = width
        if self.rect.top <= 0:
            self.rect.top = 0
        if self.rect.bottom >= height:
            self.rect.bottom = height
```

这里 K_UP/DOWN/LEFT/RIGHT 分别代表键盘的上、下、左、右键，当侦测到有对应的按键按下时，会将对应的矩形移动到相应的位置，并且通过 pygame.key.get_pressed() 和 .update() 绘制并更新每一帧的位置。注意到这里通过 if 函数控制角色移动不会超出边界范围。

接下来引入敌人对象，为了击中移动的对象，需要提前计算打击点的未来坐标位置。

如本章开始所介绍的，这里需要将火箭对象的开始位置、速度、目标位置以及速度传递给截距函数，从而计算撞击点的位置向量。火箭的击中点会瞄准这个位置而不是当前的目标点位。

截距函数的运用代码如下。

截距函数

```
def intercept2(position, bullet_speed, target, target_velocity):
    a = target_velocity.x**2 + target_velocity.y**2 - bullet_speed**2
    b = 2 * (target_velocity.x * (target.x - position.x) + target_velocity.y *
(target.y - position.y))
    c = (target.x - position.x)**2 + (target.y - position.y)**2
```

```
discriminant = b*b - 4*a*c
if discriminant < 0:
    print("Target can't be reached.")
    return None
else:
    t1 = (-b + math.sqrt(discriminant)) / (2*a)
    t2 = (-b - math.sqrt(discriminant)) / (2*a)
    t = max(t1, t2)
    x = target_velocity.x * t + target.x
    y = target_velocity.y * t + target.y
    return Vector2(x, y)
```

上述代码实现了一个名为 intercept2 的函数，用于计算在给定位置和速度下射击目标的拦截点。

该函数接受以下 4 个参数。

- position：表示当前位置的二维向量。
- bullet_speed：表示子弹的速度向量。
- target：表示目标的位置向量。
- target_velocity：表示目标的速度向量。

【代码说明】

首先，该函数根据给定的参数计算出三个变量 a、b 和 c，它们分别代表二次方程的系数。

然后，通过判断判别式 discriminant 的值来确定是否能够到达目标。如果该值小于 0，则说明无法到达目标，该函数会打印出"Target can't be reached."并返回 None。

如果该值大于或等于 0，则说明可以到达目标。接下来，利用二次方程求根公式计算出两个解 t1 和 t2，取其中较大的一个作为最终的拦截时间 t。

最后，根据拦截时间 t 和目标速度向量 target_velocity 计算出拦截点的坐标 (x, y)，并将其封装为一个二维向量对象返回。

注意，代码中使用了 Vector2 类来表示二维向量，但该类的具体实现并未给出。

鼠标单击的位置为火箭发射点，蓝色的像素块为移动的标靶，火箭会根据标靶移动轨迹判断击中位置，实现跟踪的功能。图 5-22 和图 5-23 显示了这一过程，这里通过鼠标左键进行发射火箭，火箭会根据目标点的位置和速度预判角度并跟踪目标实现撞击过程。

游戏框架搭建后，这里使用对应的手势检测逻辑，通过识别手部关键点以及相应的动作，将其转换成对应的键位动作，从而完成通过手势操作游戏角色的过程。实现代码如下。

图 5-22 火箭追踪动作 1

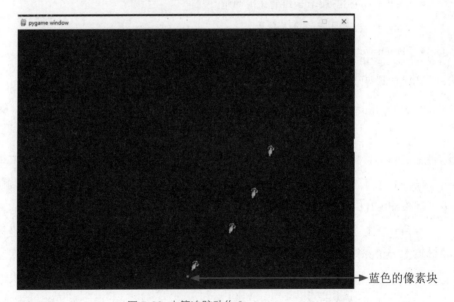

图 5-23 火箭追踪动作 2

代码清单 5-14 手部关键点检测代码

```
import cv2
import mediapipe as mp
wC,hC=1280,720
cap=cv2.VideoCapture(0)
```

```
cap.set(3,wC)
cap.set(4,hC)

mp_drawing = mp.solutions.drawing_utils
mp_drawing_styles = mp.solutions.drawing_styles
mpHands = mp.solutions.hands
mp_hands = mpHands.Hands()

while cap.isOpened():
    _, frame = cap.read()
    frame = cv2.flip(frame, 1)
    frame.flags.writeable = False
    frame = cv2.cvtColor(frame, cv2.COLOR_BGR2RGB)
    results = mp_hands.process(frame)
    # 在图片上绘制手部关键点
    frame.flags.writeable = True
    frame = cv2.cvtColor(frame, cv2.COLOR_RGB2BGR)
    if results.multi_hand_landmarks:
      for hand_landmarks in results.multi_hand_landmarks:
        mp_drawing.draw_landmarks(
            frame,
            hand_landmarks,
            mpHands.HAND_CONNECTIONS,
            mp_drawing_styles.get_default_hand_landmarks_style(),
            mp_drawing_styles.get_default_hand_connections_style())
    cv2.imshow('手部关键点显示', frame)
    if cv2.waitKey(5) & 0xFF == 27:
      break
cap.release()
```

上述代码使用 OpenCV 和 MediaPipe 库实现了在实时视频流中检测手部关键点并绘制关键点的功能。

【代码说明】

首先，导入 cv2 和 MediaPipe 库。定义视频的分辨率为 1280×720，并创建一个 VideoCapture 对象来捕获摄像头的视频流。通过调用 set 方法设置视频的宽度和高度。

然后，导入 MediaPipe 中的绘图工具包、绘图样式和手部检测模型。创建一个 Hands 对象，用于处理视频帧中的手部关键点。

进入循环后，读取一帧视频，并进行翻转和颜色空间转换。然后，使用 Hands 对象的 process 方法对帧进行手部关键点检测，返回结果保存在 results 变量中。

如果检测到手部关键点，就遍历每个手部关键点，并使用绘图工具包的 draw_landmarks 函数将关键点绘制在帧上。绘制时可以指定连接点样式和关键点样式。

最后，将绘制好的帧显示出来，并等待用户按 Esc 键退出循环。当退出循环后，释放摄像头资源。

为了方便进行演示，我们对识别出的手指关键点用不同颜色进行标记。这里调用 MediaPipe 的 drawing utils 显示识别出的手部关键点和连接。上述代码的执行结果如图 5-24 和图 5-25 所示。

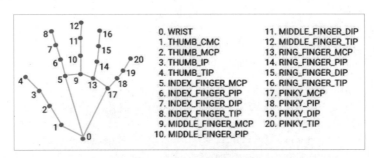

图 5-24 21 点位手指关键点示意图

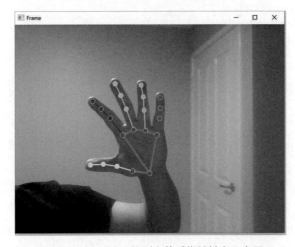

图 5-25 MediaPipe 识别出的手指关键点示意图

可以看出，已经成功标记了手指的关键点，并且按照 MediaPipe 默认的关节点配色，可以清晰地看出手掌和各个手指的关节部分。

为了实现用手指来操控飞船移动，发射导弹，我们通过定位大拇指和食指的指尖，并且通过连线的中点来实现稳定操作。这里选择关键点 4 和 8 的坐标进行标定，并且对连线的中点和端点进行绘制。

实现代码如下。

代码清单 5-15 手部关键点连接代码

```
lmLists = []
for id, lm in enumerate(hand_landmarks.landmark):
    h,w,_ = image.shape
    lmLists.append([int(lm.x * w), int(lm.y * h)])
if len(lmLists)!=0:
    print(lmLists[4],lmLists[8])
    x1,y1=lmLists[4][0],lmLists[4][1]
    x2,y2=lmLists[8][0],lmLists[8][1]
    center_x,center_y=(x1+x2)//2,(y1+y2)//2
    cv2.circle(image,(x1,y1),20,(0,0,255),cv2.FILLED)
    cv2.circle(image,(x2,y2),20,(0,0,255),cv2.FILLED)
    cv2.line(image,(x1,y1),(x2,y2),(0,0,0),4)
    cv2.circle(image,(center_x,center_y),20,(0,0,255),cv2.FILLED)
    self.hand_x = int(center_x /w * SCREEN_WIDTH)
    self.hand_y = int(center_y /h * SCREEN_HEIGHT)
```

上述代码的作用是处理手部关键点的坐标，并在图像上绘制手部轮廓和中心点。

【代码说明】

首先，定义了一个空列表 lmLists 用于存储手部关键点的坐标转换结果。

然后，通过 enumerate(hand_landmarks.landmark) 遍历手部关键点的索引和坐标值。对于每个关键点，获取图像的高度 h 和宽度 w。

接着，对关键点的坐标进行转换，将其相对于图像尺寸的比例乘以图像的宽度和高度，得到关键点在图像上的绝对坐标，并将结果以列表的形式添加到 lmLists 中。如果 lmLists 不为空，即存在至少一个手部关键点，则打印第 5 个和第 9 个关键点的坐标（索引从 0 开始）。

接着，分别获取第 5 个和第 9 个关键点的横纵坐标，并计算它们的中心点的横纵坐标。

接着，使用 OpenCV 库的函数 cv2.circle、cv2.line 和 cv2.circle 在图像上绘制手部轮廓、中心点和连接线。具体来说：

cv2.circle 函数用于绘制圆形，第一个参数表示圆心坐标，第二个参数表示半径，第三个参数表示颜色，第四个参数表示填充方式（这里使用的是 cv2.FILLED，表示填充圆形内部）。

cv2.line 函数用于绘制直线，参数依次为起点坐标、终点坐标和颜色。

cv2.circle 函数用于绘制圆形，第一个参数表示圆心坐标，第二个参数表示半径，第三个参数表示颜色，第四个参数表示填充方式（这里使用的是 cv2.FILLED，表示填充圆形内部）。

最后，根据中心点的横纵坐标以及屏幕的宽度和高度来计算手部关键点的中心点在屏幕上的坐标，并将其赋值给 self.hand_x 和 self.hand_y。

同时，将大拇指和食指连线中点的坐标传递给游戏角色（本例为飞船），可以实现角色的同步移动。执行上述代码，输出效果如图 5-26 所示，通过大拇指和食指之间的连线运动，可以来操作游戏角色，如图 5-27 ～图 5-29 所示。

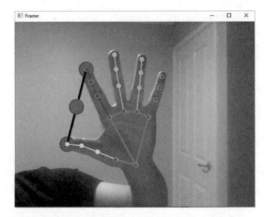

图 5-26 MediaPipe 指定关键点连接示意图

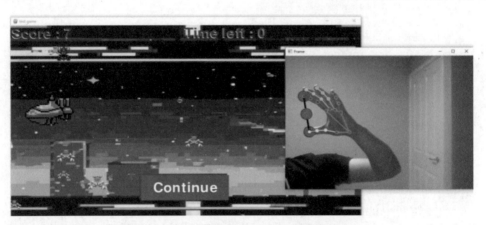

图 5-27 MediaPipe 控制飞船移动示意动画 1

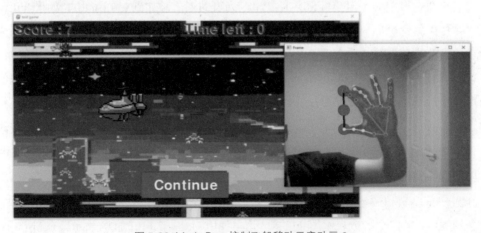

图 5-28 MediaPipe 控制飞船移动示意动画 2

图 5-29　MediaPipe 控制飞船移动示意动画 3

我们在这里描绘的游戏场景是太空，除用手势控制飞船的移动外，还要设计发射导弹的事件，这里判定食指是否落下，判定的条件是通过手指关键点 12（中指顶部）和 9（中指底部）的位置获取，当关键点 12 的位置位于 9 之下的时候，进行类似扣动扳机的动作，触发导弹发射的动作。

在手部识别代码中加入这一逻辑的判断，完整的手部识别代码如下。

代码清单 5-16 导弹发射动作判断

```
import cv2
import mediapipe as mp
import numpy as np
mp_hands = mp.solutions.hands
mp_drawing = mp.solutions.drawing_utils
mp_drawing_styles = mp.solutions.drawing_styles


class Hand_Track:
    def __init__(self):
        self.hand_tracking = mp_hands.Hands(min_detection_confidence=0.5,
                            min_tracking_confidence=0.5)
        self.hand_x = 0
        self.hand_y = 0
        self.results = None
        self.hand_hover = False

    def scan_hands(self, frame):
        rows, cols, _ = frame.shape

        frame = cv2.cvtColor(cv2.flip(frame, 1), cv2.COLOR_BGR2RGB)
        frame.flags.writeable = False
```

```python
        self.results = self.hand_tracking.process(frame)

        frame.flags.writeable = True
        frame = cv2.cvtColor(frame, cv2.COLOR_RGB2BGR)

        self.hand_hover = False

        if self.results.multi_hand_landmarks:
            for hand_landmarks in self.results.multi_hand_landmarks:
                x, y = hand_landmarks.landmark[9].x,
                hand_landmarks.landmark[9].y

                x1, y1 = hand_landmarks.landmark[12].x,
                hand_landmarks.landmark[12].y

                if y1 > y:
                    self.hand_hover = True

                lmLists = []
                for id, lm in enumerate(hand_landmarks.landmark):
                    h,w,_ = frame.shape
                    lmLists.append([int(lm.x * w), int(lm.y * h)])
                if len(lmLists)!=0:
                    print(lmLists[4],lmLists[8])
                    x1,y1=lmLists[4][0],lmLists[4][1]
                    x2,y2=lmLists[8][0],lmLists[8][1]
                    center_x,center_y=(x1+x2)//2,(y1+y2)//2
                    cv2.circle(frame,(x1,y1),20,(0,0,255),cv2.FILLED)
                    cv2.circle(frame,(x2,y2),20,(0,0,255),cv2.FILLED)
                    cv2.line(frame,(x1,y1),(x2,y2),(0,0,0),4)
                    cv2.circle(frame,(center_x,center_y),20,(0,0,255),cv2.FILLED)
                    self.hand_x = int(center_x /w * SCREEN_WIDTH)
                    self.hand_y = int(center_y /h * SCREEN_HEIGHT)

                mp_drawing.draw_landmarks(
                    frame,
                    hand_landmarks,
                    mp_hands.HAND_CONNECTIONS,
                    mp_drawing_styles.get_default_hand_landmarks_style(),
                    mp_drawing_styles.get_default_hand_connections_style())
        return frame

    def get_hand_center_pos(self):
        return (self.hand_x, self.hand_y)
```

```
def show_hand(self):
    cv2.imshow("frame", self.frame)
    cv2.waitKey(1)

def is_hand_hover(self):
    pass
```

上述代码是一个手部跟踪的类 Hand_Track 的实现。它使用 MediaPipe 库来进行手部关键点检测和跟踪，并使用 OpenCV 库进行图像处理和显示。

【代码说明】

首先，导入所需的库。

- cv2：OpenCV 库，用于图像处理和显示。
- MediaPipe：MediaPipe 库，用于手部关键点检测和跟踪。
- numpy：NumPy 库，用于数组操作。

然后，定义一些辅助函数和类。

- mp_hands：MediaPipe 手部解决方案的接口。
- mp_drawing：MediaPipe 绘图工具的接口。
- mp_drawing_styles：MediaPipe 绘图样式的接口。

接着是 Hand_Track 类的实现。

- __init__(self)：初始化方法，创建一个 Hands 对象来检测手部关键点，并初始化一些变量。
- scan_hands(self, frame)：扫描手部的方法，接受一个图像帧作为输入。

  - 将图像帧的颜色空间从 BGR 转换为 RGB，并进行水平翻转。
  - 调用 Hands 对象的 process 方法来检测手部关键点。
  - 将图像帧的颜色空间转换回 RGB。
  - 检查是否检测到多个手部关键点。

    * 对于每个手部关键点，获取其坐标，并计算中心点。
    * 在图像上绘制中心点、连接线等。
    * 更新手部跟踪的坐标。

  - 返回处理后的图像帧。

- get_hand_center_pos(self)：获取手部中心点坐标的方法。

- show_hand(self)：显示手部图像的方法，调用 OpenCV 的 imshow 函数显示图像，并等待 1 毫秒。

- is_hand_hover(self)：判断手部是否悬停的方法（未实现）。

这个类可以用于实时监测手部关键点的位置，并在图像上绘制出来。

当导弹发射出后，会自动判定目标的击中位置，并按照抛射物体轨迹击中目标，手指按下动作发出后，MediaPipe 会检测到该动作，并触发导弹发射，然后导弹会根据目标的移动调整方向直至击中。相关代码如下。

代码清单 5-17 导弹发射后运动轨迹操作

```python
def load_camera(self):
    _, self.frame = self.cap.read()

def set_hand(self):
    self.frame = self.hand_tracking.scan_hands(self.frame)
    (x, y) = self.hand_tracking.get_hand_center()
    self.hand.rect.center = (x, y)

def draw(self):
    self.background.draw(self.surface)
    self.hand.draw(self.surface)
    ui.draw_text(self.surface, f"Scores : {self.score}", (5, 5),
                COLORS["score"], font=FONTS["medium"],
                shadow=True, shadow_color=(255,255,255))

    timer_text_color = (160, 40, 0) if self.time_left < 5 else
                            COLORS["timer"]
    ui.draw_text(self.surface, f"Time(Left) : {self.time_left}",
        (SCREEN_WIDTH//2, 5),  timer_text_color, font=FONTS["medium"],
                shadow=True, shadow_color=(255,255,255))

def time_update(self):
    self.time_left = max(round(90- (time.time() - self.game_start_time), 1), 0)

## 将手势动作作为发射 missile 的 event

def intercept(position, bullet_speed, target, target_velocity):
    a = target_velocity.x**2 + target_velocity.y**2 - bullet_speed**2
    b = 2 * (target_velocity.x * (target.x - position.x) + target_velocity.y
        * (target.y - position.y))
    c = (target.x - position.x)**2 + (target.y - position.y)**2

    discriminant = b*b - 4*a*c
    if discriminant < 0:
        print("Target can't be reached.")
```

```
            return None
        else:
            t1 = (-b + math.sqrt(discriminant)) / (2*a)
            t2 = (-b - math.sqrt(discriminant)) / (2*a)
            t = max(t1, t2)
            x = target_velocity.x * t + target.x
            y = target_velocity.y * t + target.y
            return Vector2(x, y)

    def update(self):

        self.open_camera()
        self.set_hand()
        self.time_update()

        self.draw()
        if self.time_left > 0:
            self.spawn_insects()
            (x, y) = self.hand_tracking.get_hand_center()
            self.hand.rect.center = (x, y)
            self.hand.left_click = self.hand_tracking.hand_closed
            print("Hand closed", self.hand.left_click)
            if self.hand.left_click:
                self.hand.image = self.hand.image_smaller.copy()
                # 如果识别手势动作，则发射 missle
                self.target_vector = intercept(Vector2((x,y)), 12, self.target,
                                    self.target_velocity)

                if self.target_vector is not None:  # Shoots only if the target
                            can be reached.
                    bullet = Bullet((x,y), self.target_vector, self.screen_rect)
                    print('bullet created:',x,y)
                    self.all_sprites.add(bullet)
                    self.bullet_group.add(bullet)
            else:
                self.hand.image = self.hand.orig_image.copy()

            self.target += self.target_velocity
            if self.target.x >= self.screen_rect.right or self.target.x < 0:
                self.target_velocity.x *= -1
            if self.target.y >= self.screen_rect.bottom or self.target.y < 0:
                self.target_velocity.y *= -1

            self.all_sprites.update()

            self.all_sprites.draw(self.surface)
            pygame.draw.rect(self.surface, pygame.Color('dodgerblue1'),
                            (self.target, (5, 5)))
```

```
    else:
        if ui.button(self.surface, 500, "Continue"):
            return "menu"

    cv2.imshow("Frame", self.frame)
    cv2.waitKey(1)
```

上述代码用来处理手部追踪和游戏逻辑。

【代码说明】

- load_camera(self)：从摄像头中读取一帧图像，并将其存储在 self.frame 中。

- set_hand(self)：首先使用 self.hand_tracking.scan_hands(self.frame) 来更新手部的位置，然后获取手部的中心点，并更新手部图标的中心位置。

- draw(self)：首先绘制背景和手部，然后在屏幕上显示一些文本信息，包括得分和剩余时间。如果时间允许，还会在游戏中生成一些昆虫。

- time_update(self)：更新剩余的时间。

- intercept(position, bullet_speed, target, target_velocity)：根据给定的参数计算一个目标向量，这个向量表示从当前位置到目标的方向。如果目标不能被到达，则返回 None。

- update(self)：这是游戏的主要更新函数。首先打开摄像头，设置手部、更新时间和分数，然后绘制游戏画面。如果时间允许，还会生成新的敌人，并尝试发射子弹。如果子弹可以到达目标，则会被添加到游戏中。最后，更新目标的位置，并重新绘制所有的精灵。如果玩家选择继续游戏，则返回 menu。

实现效果如图 5-30 所示。

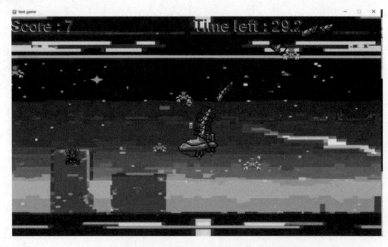

图 5-30 飞船发射导弹击中目标轨迹示意图

5.4 空中作图

本节介绍通过 MediaPipe 实现空中作图的效果。

5.4.1 空中作图的历史

很久以前，人类有着以空气为画板进行做图的历史，但他们并不满足于用普通的纸张或者实体进行绘画创作。早期的长曝光照相技术就是利用发光材质物体（比如荧光棒或者灯带）来作画的。20 世纪 90 年代后，诞生了基于网络和投影技术的虚拟艺术。近年来，由于各种信息技术，特别是传感器技术的革新，涌现了大量以空气为画板的游戏或应用。最为突出的是以 VR 设备的绘画方式创建了大量虚拟艺术作品，使得普通人也有机会可以不受物理位置限制观赏 VR 艺术画廊，并且艺术家们可以通过手持的 VR 设备，以空气为画布进行艺术创作，但这种做图方法有硬件设备的局限性，不容易大规模推广。借助 MediaPipe 技术，我们使用普通的单目摄像头即可进行简单的空中绘画操作，很适合初学者。

5.4.2 应用流程的设计

画板应用大多有自己的流程。我们这里沿用大多数画板应用的流程，首先进入程序主界面，画面中间是画布区域，顶部是菜单，通过单击菜单按钮可以选择线条的粗细和色彩，用户单击后选择在画布区域绘画，已经绘制好的线条可以通过擦除按钮进行消除。

5.4.3 菜单的设计

一般来说，虚拟画板要有图形的选择、线条粗细的设置以及颜色的选择以及擦除等功能，这里我们在输出窗口的顶部设置头部导航菜单供用户选择。采用如图 5-31 所示的 UI 设计。

图 5-31　菜单设计 1

总体采用弹出式设计，单击 Canvas 按钮后，该按钮会变成 Cancel 字样。

对于右边的色彩选择按钮，当手指移动到该按钮上时，会弹出调色板供用户选择颜色，另外还有擦除按钮可进行对应的操作，如图 5-32 所示。

图 5-32 菜单设计 2

　　同时，左侧的笔刷会记录当前的色彩选择，当按下按钮时，会弹出笔刷大小选项。当继续单击 Cancel 按钮时，该选项会收起来。

　　这里设计了橡皮擦和重置按钮，分别对应擦除和清空画布的操作，如图 5-33 ～图 5-35 所示。

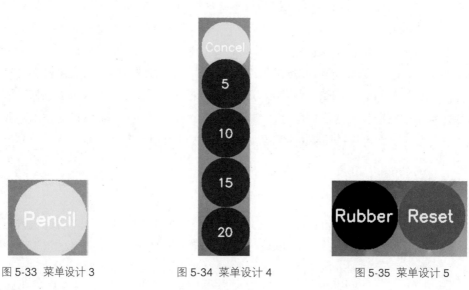

| 图 5-33 菜单设计 3 | 图 5-34 菜单设计 4 | 图 5-35 菜单设计 5 |

5.4.4　选择和绘画手势的判断

　　这里使用 MediaPipe 的手势识别解决方案对人体手部的 21 个关键点进行识别，在此基础上，需要对不同的手势动作进行判断，我们以手为画笔，需要区分点选菜单和绘制不同的手势动作。为了减少误操作，需要对不同的手势动作进行区分。这里定义以食指的竖起作为点选的触发动作，食指和中指同时竖起为选择菜单的动作。

　　首先判断手指是否处于张开竖起的状态，这里回到 MediaPipe 的手指检测的关键点图，我们做一个简单判断，判断五指顶端的 y 轴坐标是否高于手指关节部分的 y 轴坐标。

　　如图 5-36 所示，以食指为例，关节点 8 的 y 轴坐标应该高于关节点 6 的 y 轴坐标，被认作手指处于伸直状态。

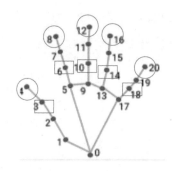

图 5-36　选中的手部关键点示意图

这部分代码实现见代码清单 5-18，在代码中通过函数可以得到一个 fgers 数组，若数组的值为 1，则为竖起状态。

代码清单 5-18　手指抬起或收回判断代码

```
def UpDetection(self):
    fgers = []
    if self.lmlist[self.tipIds[0]][1] > self.lmlist[self.tipIds[0] - 1][1]:
        fgers.append(1)
    else:
        fgers.append(0)

    for id in range(1, 5):
        if self.lmlist[self.tipIds[id]][2] < self.lmlist[self.tipIds[id] - 2][2]:
            fgers.append(1)
        else:
            fgers.append(0)
    return fgers
```

上述代码定义了一个名为 UpDetection 的函数，该函数用于检测手指的抬起情况。

【代码说明】

首先，创建一个空列表 fgers，用于存储检测结果。

接着，判断大拇指（索引为 0）的关节点 4 的高度是否大于关节点 3 的高度，从而判定大拇指是否竖起（见图 5-35 中大拇指关节点 4 和 3 的高度比较），如果是，则在 fgers 列表中添加 1，表示该手指抬起；否则，添加 0，表示该手指未抬起。

然后，使用一个 for 循环遍历接下来的 4 根手指（索引为 1～4）。对于每根手指，判断其第三个关节的高度是否小于前两根手指的第三个关节的高度。如果是，则在 fgers 列表中添加 1，表示该手指抬起；否则添加 0，表示该手指未抬起。

最后，返回 fgers 列表作为函数的结果。这个列表包含 5 个元素，分别对应 5 根手指的抬起情况（1 表示抬起，0 表示未抬起）。

5.4.5 绘画逻辑的实现

下列代码用于判断手指竖起的位置和数量，并根据伸出的不同手指识别不同的手势动作，进行菜单的选择或在画布上以手指为笔作画的过程。

代码清单 5-19 判断手指竖起的数量和位置代码

```
def findHands(self, img, draw=True):
        imgRGB = cv2.cvtColor(img, cv2.COLOR_BGR2RGB)
        self.results = self.hands.process(imgRGB)

        if self.results.multi_hand_landmarks:
            for handLm in self.results.multi_hand_landmarks:
                if draw:
                    self.mpDraw.draw_landmarks(img, handLm,
                        self.mpHands.HAND_CONNECTIONS)
        return img

    while True:

        return, frame = cap.read()
        if not return:
            break
        frame = cv2.resize(frame, (1280, 720))
        frame = cv2.flip(frame, 1)

        detector.findHands(frame)
        positions = detector.getPosition(frame, draw=False)
        fingers = detector.fingersUp().

        if  fingers[1] and fingers[2]:
            x, y = positions[8][0], positions[8][1]
            if fingers[1] and not whiteBoard.isOver(x, y):
                xp, yp = 0, 0

                if not cancel_pSizes:
                    for pen in pens:
                        if pen.isOver(x, y):
                            brushSize = int(pen.text)
                            pen.alpha = 0
```

```
            else:
                pen.alpha = 0.5

        if clear.isOver(x, y):
            clear.alpha = 0
            canvas = np.zeros((720,1280,3), np.uint8)
        else:
            clear.alpha = 0.5

    if colors_button.isOver(x, y):
        coolingCounter = 10
        colors_button.alpha = 0
        hideColors = False if hideColors else True
        colors_button.text = 'Colors' if hideColors else 'Cancel'
    else:
        colors_button.alpha = 0.5

    if pen_button.isOver(x, y) :
        coolingCounter = 10
        pen_button.alpha = 0
        cancel_pSizes = False if cancel_pSizes else True
        pen_button.text = 'Pencil' if cancel_pSizes else 'Cancel'
    else:
        pen_button.alpha = 0.5


    if canvas_button.isOver(x, y):
        canvas_button.alpha = 0
        hideBoard = False if hideBoard else True
        canvas_button.text = 'Canvas' if hideBoard else 'Cancel'

    else:
        canvas_button.alpha = 0.5

if fingers[1] and fingers[2] == False:
        cv2.circle(img, (x1, y1), 15, drawColor, cv2.FILLED)#drawing mode
                            is represented as circle
    if xp == 0 and yp == 0:
    xp, yp = x1, y1

    if drawColor == (0, 0, 0):
    cv2.line(img, (xp, yp), (x1, y1), drawColor, eraserThickness)
    cv2.line(imgCanvas, (xp, yp), (x1, y1), drawColor,
     eraserThickness)
    else:
```

```
                    cv2.line(img, (xp, yp), (x1, y1), drawColor, brushThickness)
                    cv2.line(imgCanvas, (xp, yp), (x1, y1), drawColor, brushThickness)
                xp,yp=x1,y1
```

上述代码是一个使用 OpenCV 库的 Python 程序，用于实现简单的手写识别和绘图功能。

【代码说明】

首先，定义一个名为 findHands 的函数，该函数接收一个图像作为输入，并将其从 BGR 颜色空间转换为 RGB 颜色空间。然后，使用 hands.process() 方法处理图像，并将结果存储在 self.results 中。如果检测到多个手部关键点，将遍历这些关键点并在图像上绘制它们。

然后，使用一个无限循环读取摄像头捕获的视频帧。首先，使用 cap.read() 方法读取一帧图像，并检查是否成功读取。如果没有成功读取，则跳出循环。然后，将图像大小调整为 1280×720 像素，并进行水平翻转。

接着，调用 detector.findHands(frame) 方法在当前帧中找到手部关键点。使用 detector.getPosition(frame, draw=False) 方法获取手部关键点的位置信息，使用 detector.fingersUp() 方法获取手指状态信息。

最后，根据手指的状态执行不同的操作。例如，当两根手指都抬起时，会检查鼠标指针是否在某个画笔或橡皮擦按钮上。如果是，则执行相应的操作（如切换画笔颜色、切换画布显示状态等）。同时，还会根据鼠标指针的位置在画布上绘制线条或圆形。

5.4.6 测试和预览效果

执行代码，按照之前的讲述，通过摄像头实时获取手指的位置，根据不同的手势动作进行色彩和笔刷大小的调整，开始绘画，趣味性很强。操作截图如图 5-37 所示。

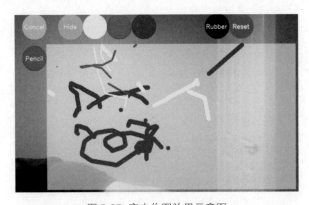

图 5-37 空中作图效果示意图

5.5　小结

通过使用 MediaPipe 框架，我们已经探索了一系列令人兴奋的视觉特效和互动应用的实现。这包括 EAR（眼睛活动）检测的实时追踪、AR 激光剑的创意制作、火箭发射小游戏的开发以及在虚空中创作艺术作品的可能性。

首先，深入研究了 EAR 活动的实时识别，这使得我们能够捕获和分析眼睛的运动和活动。这一技术不仅对于眼部健康监测有着重要意义，还为用户提供了一种全新的交互方式。通过 MediaPipe 的协助，我们能够实现这一功能，并将其应用于从医疗保健到用户体验设计的各个领域。

其次，我们探讨了如何使用 MediaPipe 框架为 AR（增强现实）应用程序创建激光剑效果。这个项目展示了如何将虚拟元素与现实世界交互，为用户提供身临其境的 AR 体验。通过深度学习和实时图像处理，我们可以在实际环境中渲染虚拟的激光剑，使用户能够与虚拟元素互动，创造出令人惊叹的 AR 场景。

然后，我们开发了一个火箭发射小游戏，结合了体感互动和游戏性。这个小游戏项目向我们展示了如何使用 MediaPipe 的姿势检测功能来跟踪玩家的身体动作，并将其应用到游戏中。玩家可以通过手势和动作来控制火箭的发射，增加了游戏的趣味性和挑战性。

最后，我们探索了如何在虚空中进行创作，使用手势和运动捕捉来绘制艺术作品。这个项目将艺术与技术相结合，使用户可以在空中绘制、创造和互动。这是创意和娱乐的完美结合，突显了 MediaPipe 的多功能性和创新性。

总之，通过 MediaPipe 可以实现各种引人入胜的视觉特效和互动应用。这些项目代表了技术、艺术和娱乐的融合，为未来的创新和探索提供了广阔的可能性。不仅能够让我们更好地理解和应用计算机视觉技术，还为用户提供了更加丰富和互动的数字体验。

第 6 章

MediaPipe 手语识别实战

本章主要讲解 MediaPipe 的手势识别功能，结合对常见手势的训练，实现通过摄像头对手势动作甚至手语的识别。

6.1 手语识别介绍

在介绍使用 MediaPipe 实现手势识别之前，本节先介绍一下手势识别的相关知识。

6.1.1 手语简介

手语是一种非声音语言，使用手势和手部动作来表达意义。手语是为有听力障碍的人群发明的，但现在也被广泛用于教育、娱乐、交流和其他方面。手语包括手势和手部动作，还有手势的语法和手势的使用方式，以及手语文化，即手语使用者之间的交流方式和习俗。

手语是一种自然语言，目前常见的手语根据各国语言对应来说，汉语有对应的中国手语，英语系对应有 ASL（American Sign Language），马来语有对应的 KTBM（Koda Tagan Bahasa Malaysia），国际手语（International Sign）是一种被设计用于跨国界沟通的手语系统，允许不同国家的人进行基本交流，国际手语不是一种全球通用的手语，而是一种标准化的交际手语。手语识别的难点在于不是世界共通语言，仅利用视觉手势的方式进行信息传递，通过将基本手型定位成基本的语言构成元素，再加上箭头和方向表示动向，可以构成类似口语传递的交流方式。

6.1.2 手语识别的历史

手语翻译是指将手语转换为口语或文字的过程，这项技术被广泛应用于教育、娱乐、交流和其他领域。

手语和手势识别受限于技术手段，在历史上落后于口语的翻译识别。手语与口语的不同之处在于手语有多个发音器，口语发音器主要来自口腔，而手语的表达来自手掌、手指以及面部等渠道，使得手语翻译更复杂。

20 世纪 80 年代，一个手语翻译项目 Ralph 可以将字母翻译成手势的手掌机器人作为手语翻译自动化的初次尝试。近年来，由于机器学习和自然语言处理等技术的兴起，可以通过大量的训练数据集来提高手语识别的精度和准确度，通过摄像头和 Leap Motion 控制器来提高手语识别和翻译的能力。

利用 MediaPipe 实现手势识别，达成手语识别的效果，可以说是很值得推荐的实现方案。

6.2 MediaPipe 手语识别的实现步骤

我们可以将手语识别的问题分解成两部分。我们的方案是通过摄像头输入，一部分进行手部的识别检测，识别图像帧中是否包含手掌，另一部分用于判断手指关节的位置，并且通过事先定义好的手语动作来进行分类，分类器定义训练好之后，便可以通过 MediaPipe 框架进行实时预测，判断一个手势是你好还是拜拜的意思。

主要的步骤如下：

步骤01 提取人体关键点。

步骤02 训练 LSTM（Long Short-Term Memory，长短期记忆网络）深度学习模型。

步骤03 通过 MediaPipe 框架进行实时预测。

下面介绍具体的实现步骤。

1. 安装相关依赖包

由于 LSTM 深度学习模型需要使用 GPU 进行训练，因此这里安装了 TensorFlow GPU 版本，以及 sklearn 用来切分训练和测试数据集等。安装方法如下：

```
intall tensorflow==2.4.1 tensorflow-gpu==2.4.1 opencv-python mediapipe sklearn
matplotlib
```

上述命令用于在 Python 环境中安装多个库。具体来说，它安装了以下库：

- TensorFlow 2.4.1：一个开源的机器学习框架，用于构建和训练神经网络。
- TensorFlow GPU 2.4.1：一个支持 GPU 加速的 TensorFlow 版本，可以加速深度学习模型的训练。
- OpenCV-Python：一个用于计算机视觉任务的库，提供了许多图像处理和计算机视觉的功能。
- MediaPipe：用于实时视频分析和处理的库，可以用于实现各种计算机视觉任务，如手势识别、人脸识别等。
- Scikit-learn：一个用于机器学习的库，提供了许多常用的机器学习算法和工具。
- Matplotlib：一个用于数据可视化的库，可以用于绘制各种图表和图形。

```
pip install -i https://pypi.tuna.tsinghua.edu.cn /simple --trusted-host
pypi.tuna.tsinghua.edu.cn mediapipe
```

上述命令用于在 Python 环境中安装一个特定的库。具体来说，它安装了 MediaPipe 库。这个命令使用了清华大学提供的 PyPI 镜像源，以提高下载速度。

相关安装过程图 6-1 所示。

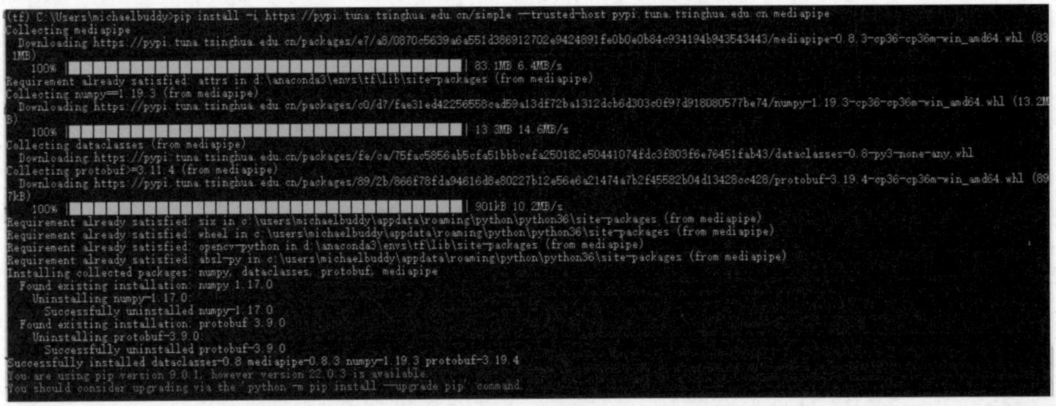

图 6-1 相关安装过程

```
import mediapipe as mp
```

上述代码导入了名为 mediapipe 的库，并将其重命名为 mp。

```
import cv2
```

上述代码导入了 OpenCV（开源计算机视觉库）的一个分支，即 OpenCV-Python。

```
import numpy
```

上述代码导入了 NumPy 库。

```
from matplotlib import pyplot
```

上述代码从 Matplotlib 库中导入了 pyplot 模块。Matplotlib 是一个用于数据可视化的库，它提供了丰富的绘图功能，如折线图、散点图、柱状图、饼图等。通过使用 pyplot 模块，我们可以方便地创建和显示各种图表和图形。

通常在这一步会遇到错误，提示"ImportError: DLL load failed：找不到指定的模块。"，如图 6-2 所示。

```
>python
Python 3.6.2 (default, Jul 20 2017, 12:30:02) [MSC v.1900 64 bit (AMD64)] on win32 Type "help",
"copyright", "credits" or license for more information.
>> import mediapipe as mp
Traceback (most recent call last):
    File"<stdin>", line 1, in <module>
    File"D:\Anaconda3\envs\tf\lib\site-packages\mediapipe\_init_.py",line 16, in<module>
    From mediapipe python import*
    File"D:\Anaconda3\envs\tf\lib\site-packages\mediapipe\python\_init_py",line 17, in
    <module> ImportError：DLL load failed：找不到指定的模块。
```

图 6-2 相关报错信息 1

解决方法如下：

```
pip install -i https://pypi.tuna.tsinghua.edu.cn/simple --trusted-host
pypi.tuna.tsinghua.edu.cn msvc-runtime
```

上述命令用于在 Python 环境中安装一个名为 msvc-runtime 的库。具体解释如下。

- pip install：这是 Python 的包管理器 pip 的一个命令，用于安装 Python 库。
- -i https://pypi.tuna.tsinghua.edu.cn/simple：这个选项指定了 PyPI（Python Package Index）的镜像源。在这里，我们使用了清华大学提供的 PyPI 镜像源，以提高下载速度。
- --trusted-host pypi.tuna.tsinghua.edu.cn：这个选项表示信任指定的主机。在这里，我们信任清华大学提供的 PyPI 镜像源。
- msvc-runtime：这是要安装的库的名称。在这个例子中，我们要安装的是名为 msvc-runtime 的库。

我们尝试运行 Python 环境下的 MediaPipe，执行 import mediapipe as mp 命令。通常情况下会出现一个错误，如图 6-3 所示。

```
(tf) C:\Users\michaelbuddy>python
Python 3.6.2 |Continuum Analytics, Inc.| (default, Jul 20 2017, 12:30:02) [MSC v.1900 64 bit (AMD64)] on win32
Type "help", "copyright", "credits" or "license" for more information.
>>> import mediapipe as mp
Traceback (most recent call last):
  File "<stdin>", line 1, in <module>
  File "D:\Anaconda3\envs\tf\lib\site-packages\mediapipe\__init__.py", line 16, in <module>
    from mediapipe.python import *
  File "D:\Anaconda3\envs\tf\lib\site-packages\mediapipe\python\__init__.py", line 26, in <module>
    import mediapipe.python.packet_creator
  File "D:\Anaconda3\envs\tf\lib\site-packages\mediapipe\python\packet_creator.py", line 20, in <module>
    import numpy as np
  File "D:\Anaconda3\envs\tf\lib\site-packages\numpy\__init__.py", line 140, in <module>
    from . import core
  File "D:\Anaconda3\envs\tf\lib\site-packages\numpy\core\__init__.py", line 68, in <module>
    raise ImportError(msg.format(path))
ImportError: Something is wrong with the numpy installation. While importing we detected an older version of numpy in ['D:\\Anaconda3\\envs\\tf\\lib\\site-packages\\num
py']. One method of fixing this is to repeatedly uninstall numpy until none is found, then reinstall this version.
```

图 6-3 相关报错信息 2

出现问题的原因是不同版本的 NumPy 共存，需要彻底删除 NumPy 并重新安装。

```
pip uninstall numpy
```

卸载过程如图 6-4 所示。

```
d:\anaconda3\envs\tf\lib\site-packages\numpy\testing\_private\__init__.py
d:\anaconda3\envs\tf\lib\site-packages\numpy\testing\_private\__pycache__\__init__.cpython-36.pyc
d:\anaconda3\envs\tf\lib\site-packages\numpy\testing\_private\__pycache__\decorators.cpython-36.pyc
d:\anaconda3\envs\tf\lib\site-packages\numpy\testing\_private\__pycache__\noseclasses.cpython-36.pyc
d:\anaconda3\envs\tf\lib\site-packages\numpy\testing\_private\__pycache__\nosetester.cpython-36.pyc
d:\anaconda3\envs\tf\lib\site-packages\numpy\testing\_private\__pycache__\parameterized.cpython-36.pyc
d:\anaconda3\envs\tf\lib\site-packages\numpy\testing\_private\__pycache__\utils.cpython-36.pyc
d:\anaconda3\envs\tf\lib\site-packages\numpy\testing\_private\decorators.py
d:\anaconda3\envs\tf\lib\site-packages\numpy\testing\_private\noseclasses.py
d:\anaconda3\envs\tf\lib\site-packages\numpy\testing\_private\nosetester.py
d:\anaconda3\envs\tf\lib\site-packages\numpy\testing\_private\parameterized.py
d:\anaconda3\envs\tf\lib\site-packages\numpy\testing\_private\utils.py
d:\anaconda3\envs\tf\lib\site-packages\numpy\testing\print_coercion_tables.py
d:\anaconda3\envs\tf\lib\site-packages\numpy\testing\setup.py
d:\anaconda3\envs\tf\lib\site-packages\numpy\testing\tests\__init__.py
d:\anaconda3\envs\tf\lib\site-packages\numpy\testing\tests\__pycache__\__init__.cpython-36.pyc
d:\anaconda3\envs\tf\lib\site-packages\numpy\testing\tests\__pycache__\test_decorators.cpython-36.pyc
d:\anaconda3\envs\tf\lib\site-packages\numpy\testing\tests\__pycache__\test_doctesting.cpython-36.pyc
d:\anaconda3\envs\tf\lib\site-packages\numpy\testing\tests\__pycache__\test_utils.cpython-36.pyc
d:\anaconda3\envs\tf\lib\site-packages\numpy\testing\tests\test_decorators.py
d:\anaconda3\envs\tf\lib\site-packages\numpy\testing\tests\test_doctesting.py
d:\anaconda3\envs\tf\lib\site-packages\numpy\testing\tests\test_utils.py
d:\anaconda3\envs\tf\lib\site-packages\numpy\testing\utils.py
d:\anaconda3\envs\tf\lib\site-packages\numpy\tests\__init__.py
d:\anaconda3\envs\tf\lib\site-packages\numpy\tests\__pycache__\__init__.cpython-36.pyc
d:\anaconda3\envs\tf\lib\site-packages\numpy\tests\__pycache__\test_ctypeslib.cpython-36.pyc
d:\anaconda3\envs\tf\lib\site-packages\numpy\tests\__pycache__\test_matlib.cpython-36.pyc
d:\anaconda3\envs\tf\lib\site-packages\numpy\tests\__pycache__\test_numpy_version.cpython-36.pyc
d:\anaconda3\envs\tf\lib\site-packages\numpy\tests\__pycache__\test_public_api.cpython-36.pyc
d:\anaconda3\envs\tf\lib\site-packages\numpy\tests\__pycache__\test_reloading.cpython-36.pyc
d:\anaconda3\envs\tf\lib\site-packages\numpy\tests\__pycache__\test_scripts.cpython-36.pyc
d:\anaconda3\envs\tf\lib\site-packages\numpy\tests\__pycache__\test_warnings.cpython-36.pyc
d:\anaconda3\envs\tf\lib\site-packages\numpy\tests\test_ctypeslib.py
d:\anaconda3\envs\tf\lib\site-packages\numpy\tests\test_matlib.py
d:\anaconda3\envs\tf\lib\site-packages\numpy\tests\test_numpy_version.py
d:\anaconda3\envs\tf\lib\site-packages\numpy\tests\test_public_api.py
d:\anaconda3\envs\tf\lib\site-packages\numpy\tests\test_reloading.py
d:\anaconda3\envs\tf\lib\site-packages\numpy\tests\test_scripts.py
d:\anaconda3\envs\tf\lib\site-packages\numpy\tests\test_warnings.py
d:\anaconda3\envs\tf\lib\site-packages\numpy\version.py
d:\anaconda3\envs\tf\scripts\f2py.exe
roceed (y/n)? y
 Successfully uninstalled numpy-1.19.3
ou are using pip version 9.0.1, however version 22.0.3 is available.
ou should consider upgrading via the 'python -m pip install --upgrade pip' command.
```

图 6-4 卸载 NumPy

```
pip install -i https://pypi.tuna.tsinghua.edu.cn/simple --trusted-host pypi.tuna.
tsinghua.edu.cn  numpy
```

上述命令用于在 Python 环境中重新安装一个名为 NumPy 的库, 如图 6-5 所示。具体解释如下。

- -i https://pypi.tuna.tsinghua.edu.cn/simple: 这个选项指定了 PyPI 的镜像源。在这里, 我们使用了清华大学提供的 PyPI 镜像源, 以提高下载速度。

- --trusted-host pypi.tuna.tsinghua.edu.cn: 这个选项表示信任指定的主机。在这里, 我们信任清华大学提供的 PyPI 镜像源。

- numpy: 这是要安装的库的名称。在这个例子中, 我们要安装的是名为 NumPy 的库。

图 6-5　重新安装 NumPy

至此, NumPy 重新安装完毕。我们再次尝试引入 MediaPipe 的 Library, 提示安装成功。下面进行手势动作的训练。

我们引入了 Tensorboard, Tensorboard 在机器学习工作流中提供指标和图形化展示。它包含常见的试验型指标, 类似于 Loss 和 Accuracy, 以及模型的图形化展示等。在本例中, 我们通过 Tensorboard 实时观察 Loss 和 Accuracy 是否处于可接受的范围内。

下述命令在 Python 环境中安装名为 tensorflow.tensorboard 的库。

```
pip install  -i https://pypi.tuna.tsinghua.edu.cn/simple --trusted-host pypi.
tuna.tsinghua.edu.cn tensorflow.tensorboard
```

命令解释如下。

- -i https://pypi.tuna.tsinghua.edu.cn/simple: 这个选项指定了 PyPI 的镜像源。在这里, 我们使用了清华大学提供的 PyPI 镜像源, 以提高下载速度。

- --trusted-host pypi.tuna.tsinghua.edu.cn: 这个选项表示信任指定的主机。在这里, 我们信任清华大学提供的 PyPI 镜像源。

- tensorflow.tensorboard: 这是要安装的库的名称。在这个例子中, 我们要安装的是名为 tensorflow.tensorboard 的库。

切换到 tensorboard logs 目录, 在 cd C:\Users\XXX\MediaPipeProj\Tensorboard_Logs 命令行输入 tensorboard --logdir=, 便可启动 Tensorboard。通过 Console 上的输出内容, 通过浏览器打开 Tensorboard 进行浏览, 如图 6-6 所示。

图 6-6 启动 Tensorboard

至此，安装部分介绍完毕。下面开始进行人体关键点的提取。

2. 提取手部的关键点

这个步骤我们采用 MediaPipe 的 Holistic 模型，这个模型提供了人体动作、面部关键点、手部运动的实时监测，可以广泛使用在手势和动作识别的各种应用中。MediaPipe 的 Holistic 模型会产生 468 点的 Face Landmarks、21 点的 Left Hand Landmarks 以及 21 点的 Right Hand Landmarks。

具体实现代码如下。

代码清单 6-1 MediaPipe Holistic 模型

```
import os
import mediapipe as mp
import numpy as np
from matplotlib import pyplot as plt
import time
import cv2

mediapipe_holistic=mp.solutions.holistic          #Holistic 模型
mediapipe_drawing=mp.solutions.drawing_utils      # 画图工具

mediapipe_holistic.Holistic??
```

```
##mediapipe_holistic.Holistic(static_image_mode=False,
upper_body_only=False, smooth_landmarks=True, min_detection_confidence=0.5,
 min_tracking_confidence=0.5)
## static_image_mode 用来指定输入图片是静态图片还是动态的视频流，默认是 False，
## 表示动态视频流
## upper_body_only 用来指定检测全量的 33 点的 pose landmarks 还是仅仅 25 点的
## 上半身 upper body
## smooth_landmarks 通过减少图片 jitter 抖动来过滤 landmarks
## min_detection_confidence 指定 pose、hand 检测的最小置信区间，默认是 0.5
## min_tracking_confidence 指定 pose 检测的最小置信区间，默认是 0.5
```

上述段代码用于使用 MediaPipe 库进行人体姿态估计。

- 导入所需的库，包括 OS、MediaPipe、NumPy、Matplotlib 和 cv2。然后，从 MediaPipe 库中导入了 Holistic 模型和 DrawingUtils 工具。

- 创建一个名为 MediaPipe_holistic 的变量，该变量指向 Holistic 模型。Holistic 模型是一个用于检测和跟踪人体姿势的模型。还创建了一个名为 MediaPipe_drawing 的变量，该变量指向 DrawingUtils 工具。DrawingUtils 工具提供了一些函数，用于在图像上绘制关键点和连接线。

- 调用 Holistic 模型的 __doc__ 属性查看有关 Holistic 模型的详细信息。

代码清单 6-2 列举所有的 Hand Landmarks，手部一共 21 点

```
HandLandmark.WRIST 0：手腕点
HandLandmark.THUMB_CMC 1：拇指近端指骨（掌骨）
HandLandmark.THUMB_MCP 2：拇指中端指骨（掌骨）
HandLandmark.THUMB_IP 3：拇指远端指骨（掌骨）
HandLandmark.THUMB_TIP 4：拇指指尖
HandLandmark.INDEX_FINGER_MCP 5：食指近端指骨（掌骨）
HandLandmark.INDEX_FINGER_PIP 6：食指中端指骨（掌骨）
HandLandmark.INDEX_FINGER_DIP 7：食指远端指骨（掌骨）
HandLandmark.INDEX_FINGER_TIP 8：食指指尖
HandLandmark.MIDDLE_FINGER_MCP 9：中指近端指骨（掌骨）
HandLandmark.MIDDLE_FINGER_PIP 10：中指中端指骨（掌骨）
HandLandmark.MIDDLE_FINGER_DIP 11：中指远端指骨（掌骨）
HandLandmark.MIDDLE_FINGER_TIP 12：中指指尖
HandLandmark.RING_FINGER_MCP 13：无名指近端指骨（掌骨）
HandLandmark.RING_FINGER_PIP 14：无名指中端指骨（掌骨）
HandLandmark.RING_FINGER_DIP 15：无名指远端指骨（掌骨）
HandLandmark.RING_FINGER_TIP 16：无名指指尖
HandLandmark.PINKY_MCP 17：小指近端指骨（掌骨）
HandLandmark.PINKY_PIP 18：小指中端指骨（掌骨）
```

HandLandmark.PINKY_DIP 19：小指远端指骨（掌骨）

HandLandmark.PINKY_TIP 20：小指指尖

上述代码定义了一组常量，用于表示手部关键点的编号，这些常量分别对应不同的手指和关节点，如图 6-7 所示。

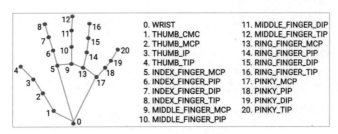

图 6-7 手部关节点说明图示

代码清单 6-3 检测并列举所有的 Hand Landmark 并进行绘制，手部一共 21 点

```python
def mp_detection(image,model):
    image=cv2.cvtColor(image,cv2.COLOR_BGR2RGB)          # 将输入图片转成 RGB 空间
    image.flags.writeable=False                          #image 对象不可写
    results=model.process(image)
    image.flags.writeable=True                           #image 对象重置成可写
    image=cv2.cvtColor(image,cv2.COLOR_RGB2BGR)
    return image,results

# 为了提高性能，先将 image 对象设置成不可写的状态以用于传递给 MediaPipe 进行模型推理
def draw_landmarks(image,results):
mediapipe_drawing.draw_landmarks(image,results.face_landmarks,mediapipe_holistic.
FACE_CONNECTIONS) # 绘制面部关键点
    mediapipe_drawing.draw_landmarks(image,results.pose_landmarks,mediapipe_holistic.
POSE_CONNECTIONS) # 绘制人体关键点
    mediapipe_drawing.draw_landmarks(image,results.left_hand_landmarks,mediapipe_
holistic.HAND_CONNECTIONS) # 绘制左手关键点
    mediapipe_drawing.draw_landmarks(image,results.right_hand_landmarks,mediapipe_
holistic.HAND_CONNECTIONS) # 绘制右手关键点

    mediapipe_drawing.draw_landmarks??
    # landmark_drawing_spec: DrawingSpec = DrawingSpec(color=RED_COLOR),
    # connection_drawing_spec: DrawingSpec = DrawingSpec()):

    # 可以自定义 landmarks 绘制的样式
    def draw_customerized_landmarks(image,results):
```

```
mediapipe_drawing.draw_landmarks(image,results.face_landmarks,
                      mediapipe_holistic.FACE_CONNECTIONS,
                      mediapipe_drawing.DrawingSpec(color= (80,110,10),
                      thickness=1, circle_radius=2),
                      mediapipe_drawing.DrawingSpec(color= (80,255,120),
                      thickness=1, circle_radius=2),
                                ) # 画 face
mediapipe_drawing.draw_landmarks(image,results.pose_landmarks,
        mediapipe_holistic.POSE_CONNECTIONS)
mediapipe_drawing.draw_landmarks(image,results.left_hand_landmarks,
        mediapipe_holistic.HAND_CONNECTIONS)
mediapipe_drawing.draw_landmarks(image,results.right_hand_landmarks,
        mediapipe_holistic.HAND_CONNECTIONS)
```

上述代码用于使用 MediaPipe 库进行人体姿态估计。

【代码说明】

首先，定义了一个名为 mp_detection 的函数，该函数接收两个参数：image 和 model。image 是需要检测的图片，model 是预训练好的模型。

在 mp_detection 函数中，首先将输入图片从 BGR 空间转换为 RGB 空间，然后将 image 对象的 flags 属性设置为不可写，以防止在处理过程中修改图像数据。接着，使用 model 对图像进行处理，得到检测结果 results。处理完成后，将 image 对象的 flags 属性重置为可写，并将图像从 RGB 空间转换回 BGR 空间。最后，返回处理后的图像和检测结果。

然后，定义了一个名为 draw_landmarks 的函数，该函数接收两个参数：image 和 results。image 是需要绘制关键点的图像，results 是人体姿态估计的结果。

在 draw_landmarks 函数中，使用 mediapipe_drawing.draw_landmarks 方法绘制面部、身体、左手和右手的关键点。这些关键点是通过 results 对象中的 face_landmarks、pose_landmarks、left_hand_landmarks 和 right_hand_landmarks 属性获取的。同时，还可以自定义关键点的绘制样式，例如颜色、粗细和圆形半径等。

最后，定义了一个名为 draw_customerized_landmarks 的函数，该函数与 draw_landmarks 函数类似，但可以自定义关键点的绘制样式。在这个函数中，通过调用 mediapipe_drawing.draw_landmarks 方法分别绘制了面部、身体、左手和右手的关键点，并设置了自定义的颜色、粗细和圆形半径等样式。

下述代码输出并查看人体关键点的位置定义。

```
frozenset({(<PoseLandmark.NOSE: 0>, <PoseLandmark.LEFT_EYE_INNER: 1>),
           (<PoseLandmark.NOSE: 0>, <PoseLandmark.RIGHT_EYE_INNER: 4>),
           (<PoseLandmark.LEFT_EYE_INNER: 1>, <PoseLandmark.LEFT_EYE: 2>),
           (<PoseLandmark.LEFT_EYE: 2>, <PoseLandmark.LEFT_EYE_OUTER: 3>),
           (<PoseLandmark.LEFT_EYE_OUTER: 3>, <PoseLandmark.LEFT_EAR: 7>),
           (<PoseLandmark.RIGHT_EYE_INNER: 4>, <PoseLandmark.RIGHT_EYE: 5>),
           (<PoseLandmark.RIGHT_EYE: 5>, <PoseLandmark.RIGHT_EYE_OUTER: 6>),
           (<PoseLandmark.RIGHT_EYE_OUTER: 6>, <PoseLandmark.RIGHT_EAR: 8>),
           (<PoseLandmark.MOUTH_RIGHT: 10>, <PoseLandmark.MOUTH_LEFT: 9>),
           (<PoseLandmark.LEFT_SHOULDER: 11>, <PoseLandmark.LEFT_ELBOW: 13>),
           (<PoseLandmark.LEFT_SHOULDER: 11>, <PoseLandmark.LEFT_HIP: 23>),
           (<PoseLandmark.RIGHT_SHOULDER: 12>,
            <PoseLandmark.LEFT_SHOULDER: 11>),
           (<PoseLandmark.RIGHT_SHOULDER: 12>, <PoseLandmark.RIGHT_ELBOW: 14>),
           (<PoseLandmark.RIGHT_SHOULDER: 12>, <PoseLandmark.RIGHT_HIP: 24>),
           (<PoseLandmark.LEFT_ELBOW: 13>, <PoseLandmark.LEFT_WRIST: 15>),
           (<PoseLandmark.RIGHT_ELBOW: 14>, <PoseLandmark.RIGHT_WRIST: 16>),
           (<PoseLandmark.LEFT_WRIST: 15>, <PoseLandmark.LEFT_PINKY: 17>),
           (<PoseLandmark.LEFT_WRIST: 15>, <PoseLandmark.LEFT_INDEX: 19>),
           (<PoseLandmark.LEFT_WRIST: 15>, <PoseLandmark.LEFT_THUMB: 21>),
           (<PoseLandmark.RIGHT_WRIST: 16>, <PoseLandmark.RIGHT_PINKY: 18>),
           (<PoseLandmark.RIGHT_WRIST: 16>, <PoseLandmark.RIGHT_INDEX: 20>),
           (<PoseLandmark.RIGHT_WRIST: 16>, <PoseLandmark.RIGHT_THUMB: 22>),
           (<PoseLandmark.LEFT_PINKY: 17>, <PoseLandmark.LEFT_INDEX: 19>),
           (<PoseLandmark.RIGHT_PINKY: 18>, <PoseLandmark.RIGHT_INDEX: 20>),
           (<PoseLandmark.LEFT_HIP: 23>, <PoseLandmark.LEFT_KNEE: 25>),
           (<PoseLandmark.RIGHT_HIP: 24>, <PoseLandmark.LEFT_HIP: 23>),
           (<PoseLandmark.RIGHT_HIP: 24>, <PoseLandmark.RIGHT_KNEE: 26>),
           (<PoseLandmark.LEFT_KNEE: 25>, <PoseLandmark.LEFT_ANKLE: 27>),
           (<PoseLandmark.RIGHT_KNEE: 26>, <PoseLandmark.RIGHT_ANKLE: 28>),
           (<PoseLandmark.LEFT_ANKLE: 27>, <PoseLandmark.LEFT_HEEL: 29>),
           (<PoseLandmark.LEFT_ANKLE: 27>, <PoseLandmark.LEFT_FOOT_INDEX: 31>),
           (<PoseLandmark.RIGHT_ANKLE: 28>, <PoseLandmark.RIGHT_HEEL: 30>),
           (<PoseLandmark.RIGHT_ANKLE: 28>,
            <PoseLandmark.RIGHT_FOOT_INDEX: 32>),
           (<PoseLandmark.LEFT_HEEL: 29>, <PoseLandmark.LEFT_FOOT_INDEX: 31>),
           (<PoseLandmark.RIGHT_HEEL: 30>,
            <PoseLandmark.RIGHT_FOOT_INDEX: 32>)})
```

上述代码定义了一个名为 frozenset 的集合，其中包含多个元组。每个元组表示两个关键点之间的连接关系。这些关键点是通过 PoseLandmark 枚举类中的常量来表示的。

通过这个集合可以方便地查找某个关键点与其他关键点之间的连接关系。

代码清单 6-5 打开摄像头并且调用 MediaPipe Holistic 模型

```
#0 是默认的第一个摄像头
cap = cv2.VideoCapture(0)
# 初始化时间，用于计算 FPS（每秒帧率）
previousTime = 0
currentTime = 0
with mediapipe_holistic.Holistic(min_detection_confidence=0.5,
                                 min_tracking_confidence=0.5) as holistic:
    while cap.isOpened():
        # 读取摄像头输入流
        ret,frame = cap.read()


        # 通过 MediaPipe 进行预测
        image,results=mp_detection(frame,holistic)
        print(results)


        # 绘制 landmarks
        #draw_landmarks(image,results)
        draw_customerized_landmarks(image,results)

        # 计算 FPS
        currentTime = time.time()
        fps = 1 / (currentTime-previousTime)
        previousTime = currentTime


        # 在窗口显示 FPS
        cv2.putText(image, str(int(fps))+" FPS", (10, 70),
        cv2.FONT_HERSHEY_COMPLEX, 1, (0,255,0), 2)
        # 打开窗口显示，y 轴翻转，适合自拍模式
        cv2.imshow('Read camera',cv2.flip(image,1))  ##image
        # 关闭摄像头
        if cv2.waitKey(5) &0xFF == ord('q'):
            break
    cap.release()
    cv2.destroyAllWindows()
```

上述代码使用 OpenCV 和 MediaPipe 库进行实时视频流处理，如图 6-8 所示。

在代码清单 6-5 中，results.face_landmarks 会返回一个 result 对象，允许我们检查已检测到的人脸关键点。通过检查 face_landmarks 的内容，我们可以获取包括 x、y 和 z 坐标的信息。在这里，x 和 y 代表相对于 x、y 轴的坐标位置，而 z 坐标表示相对于屏幕的距离。

如果 face 和 hand 的 landmarks 检测不到，则返回空。但是 pose 会返回，但是 visibility 会很低。接下来，我们来查看监测到的关键点。

代码清单 6-6 在摄像头输出中叠加监测到的关键点

```
plt.imshow(cv2.cvtColor(frame,cv2.COLOR_BGR2RGB))
draw_landmarks(frame,results)
plt.show()
```

人脸关键点标记如图 6-9 所示。

```
Out[41]: landmark {
    x: 0.5622926354408264
    y: 0.7366920709609985
    z: -0.03083137795329094
}
landmark {
    x: 0.559217631816864
    y: 0.6885902285575867
    z: -0.05466113239526749
}
landmark {
    x: 0.5606903433799744
    y: 0.7037959694862366
    z: -0.029015161097049713
}
landmark {
    x: 0.548110842704773
    y: 0.6384114027023315
    z: -0.03980785980820656
```

图 6-8 手部关节点数据输出   图 6-9 人脸关键点标记

【代码说明】

- plt.imshow(cv2.cvtColor(frame,cv2.COLOR_BGR2RGB))：首先使用 OpenCV 库中的 cvtColor 函数将图像从 BGR 颜色空间转换为 RGB 颜色空间，然后使用 Matplotlib 库中的 imshow 函数显示转换后的图像。
- draw_landmarks(frame,results)：调用了一个名为 draw_landmarks 的函数，该函数用于在图像上绘制人脸关键点。frame 参数是输入的图像，results 参数可能是包含人脸关键点信息的变量。
- plt.show()：用于显示图像窗口。

代码清单 6-7 输出右手的关键点

```
# 这里需要注意的是，只有当 MediaPipe 识别出左右手才可以在 results 中应用 left 或 right 的 hand
landmarks
results.right_hand_landmarks.landmark
```

输出结果如图 6-10 所示。

```
[x: 0.34725216031074524
y: 0.7534045577049255
z: 4.5369230065261945e-05
, x: 0.43665680289268494
y: 0.7745733857154846
z: -0.1147821769118309
, x: 0.506677508354187
y: 0.703018069267273
z: -0.1777280569076538
, x: 0.5500580072402954
y: 0.6322233080863953
z: -0.223872572183609
, x: 0.596823513507843
y: 0.5667294263839722
z: -0.2699175179004669
, x: 0.46657055616378784
y: 0.5079262256622314
z: -0.17507047951221466
, x: 0.5067843198776245
y: 0.3941460847854614
z: -0.2488342672586441
, x: 0.5402373671531677
y: 0.3124472498893738
z: -0.3009151816368103
, x: 0.5664165616035461
y: 0.23582425713539124
z: -0.3391154408454895
, x: 0.39849555492401123
y: 0.47994476556777954
z: -0.16473525762557983
, x: 0.4169680178165436
y: 0.3428364396095276
z: -0.23841233551502228
, x: 0.4351471960544586
y: 0.2389698624610901
z: -0.2950853407382965
```

图 6-10　Landmark 数据输出

代码清单 6-8 输出关键点

```
# 如果检测不到手部，则用 21×3 的 blank NumPy 数组代替
lh=np.array([[res.x,res.y,res.z] for res in results.left_hand_landmarks.
landmark]).flatten() if results.left_hand_landmarks else np.zeros(21*3)
    rh=np.array([[res.x,res.y,res.z] for res in results.right_hand_landmarks.
landmark]).flatten() if results.right_hand_landmarks else np.zeros(21*3)
    face=np.array([[res.x,res.y,res.z] for res in results.face_landmarks.landmark]).
flatten() if results.face_landmarks else np.zeros(1404)
    pose=np.array([[res.x,res.y,res.z,res.visibility] for res in results.pose_
landmarks.landmark]).flatten() if results.pose_landmarks else np.zeros(132)
```

上述代码使用 NumPy 库来处理一些数据。首先检查 results 对象中是否存在某些属性（如 left_hand_landmarks、right_hand_landmarks、face_landmarks 和 pose_landmarks），如果存在，则将这些属性中的每个标记的 x、y、z 坐标提取出来，并存储在一个 NumPy 数组中。如果不存在这些属性，则创建一个全零数组。

【代码说明】

- lh：如果 results.left_hand_landmarks 存在，则将其中的每个标记的 x、y、z 坐标提取出来，形成一个形状为 (21, 3) 的二维数组，然后将其展平为一个一维数组；如果不存在，则创建一个长度为 72 的全零数组。
- rh：如果 results.right_hand_landmarks 存在，则将其中的每个标记的 x、y、z 坐标提取出来，形成一个形状为 (21,3) 的二维数组，然后将其展平为一个一维数组；如果不存在，则创建一个长度为 72 的全零数组。
- face：如果 results.face_landmarks 存在，则将其中的每个标记的 x、y、z 坐标提取出来，形成一个形状为 (1404, 3) 的二维数组，然后将其展平为一个一维数组；如果不存在，则创建一个长度为 4208 的全零数组。
- pose：如果 results.pose_landmarks 存在，则将其中的每个标记的 x、y、z 坐标和可见性信息提取出来，形成一个形状为 (132,4) 的二维数组，然后将其展平为一个一维数组；如果不存在，则创建一个长度为 464 的全零数组。

输出效果如图 6-11 所示。

```
array([ 5.60211182e-01,  6.51417494e-01, -2.16663742e+00,  1.00000000e+00,
        6.02829099e-01,  5.34703374e-01, -2.10411310e+00,  1.00000000e+00,
        6.34323001e-01,  5.30836701e-01, -2.10375166e+00,  9.99999404e-01,
        6.66052461e-01,  5.26725411e-01, -2.10358691e+00,  1.00000000e+00,
        5.17461181e-01,  5.37898123e-01, -2.10590792e+00,  1.00000000e+00,
        4.85808372e-01,  5.35592794e-01, -2.10625434e+00,  9.99999166e-01,
        4.53871816e-01,  5.33672333e-01, -2.10739279e+00,  1.00000000e+00,
        7.15384305e-01,  5.46304703e-01, -1.46784699e+00,  9.99999285e-01,
        4.20473903e-01,  5.50781608e-01, -1.49060810e+00,  9.99997258e-01,
        6.23577237e-01,  7.29277015e-01, -1.91110671e+00,  9.99994159e-01,
        5.10543644e-01,  7.31145680e-01, -1.91568625e+00,  9.99985576e-01,
        8.83360088e-01,  9.07635927e-01, -9.55592334e-01,  9.98837888e-01,
        2.85907686e-01,  9.03794408e-01, -9.20094490e-01,  9.94041264e-01,
        9.59186196e-01,  1.41230631e+00, -7.89124072e-01,  2.14058444e-01,
        1.13469161e-01,  1.36538231e+00, -1.17333198e+00,  4.36663598e-01,
        8.76468658e-01,  1.70267940e+00, -1.40516543e+00,  6.21383674e-02,
        1.28756657e-01,  1.28543448e+00, -2.18156791e+00,  2.40512490e-01,
        8.65199387e-01,  1.79076636e+00, -1.53452301e+00,  7.14332089e-02,
        1.19888343e-01,  1.27163100e+00, -2.43713236e+00,  2.87535846e-01,
        8.42578769e-01,  1.75601244e+00, -1.61855125e+00,  1.26157135e-01,
        1.38071314e-01,  1.18822026e+00, -2.44840384e+00,  3.75248671e-01,
        8.31236184e-01,  1.72662628e+00, -1.50141525e+00,  1.08907774e-01,
        1.58111662e-01,  1.20322585e+00, -2.22297907e+00,  3.11954021e-01,
        7.70171463e-01,  1.78218341e+00,  1.68393888e-02,  2.37360273e-05,
        3.70760232e-01,  1.76964450e+00, -1.57309696e-02,  1.88555223e-05,
        7.60117173e-01,  2.54828739e+00, -1.21051475e-01,  7.27636740e-03,
        3.64283204e-01,  2.52741933e+00, -1.98518902e-01,  1.37451971e-02,
        7.20991015e-01,  3.22231221e+00,  6.49392843e-01,  1.95579254e-03,
        3.57109159e-01,  3.18702435e+00,  6.76680684e-01,  2.82576866e-03,
        7.16338038e-01,  3.31772614e+00,  6.96938157e-01,  3.75522627e-03,
        3.53462845e-01,  3.30181503e+00,  7.24984765e-01,  3.16541013e-03,
        6.81028068e-01,  3.46080351e+00,  9.27978158e-02,  3.67769646e-03,
        3.87139499e-01,  3.43052602e+00,  1.21403195e-01,  3.00399307e-03])
```

图 6-11 Landmark 数据输出

代码清单 6-9 提取关键点

```
def extract_keypoints(results):
    pose=np.array([[res.x,res.y,res.z,res.visibility] for res in results.
        pose_landmarks.landmark]).flatten() if results.pose_landmarks else
        np.zeros(33*4)
```

```
face=np.array([[res.x,res.y,res.z] for res in results.face_landmarks.
    landmark]).flatten() if results.face_landmarks else np.zeros(468*3)
lh=np.array([[res.x,res.y,res.z] for res in results.left_hand_landmarks.
    landmark]).flatten() if results.left_hand_landmarks else np.zeros(21*3)
rh=np.array([[res.x,res.y,res.z] for res in results.right_hand_landmarks.
    landmark]).flatten() if results.right_hand_landmarks else np.zeros(21*3)
return np.concatenate([pose,face,lh,rh])
```

上述代码用于处理一些关键点数据，并将它们合并成一个 NumPy 数组。

【代码说明】

- pose 变量：如果 results.pose_landmarks 存在，则将其中的每个关键点的 x、y、z 坐标和可见性信息提取出来，形成一个形状为 (33, 4) 的二维数组，然后将其展平为一个一维数组；如果不存在，则创建一个长度为 132 的全零数组。

- face 变量：如果 results.face_landmarks 存在，则将其中的每个关键点的 x、y、z 坐标提取出来，形成一个形状为 (468, 3) 的二维数组，然后将其展平为一个一维数组；如果不存在，则创建一个长度为 1384 的全零数组。

- lh 变量：如果 results.left_hand_landmarks 存在，则将其中的每个关键点的 x、y、z 坐标提取出来，形成一个形状为 (21, 3) 的二维数组，然后将其展平为一个一维数组；如果不存在，则创建一个长度为 63 的全零数组。

- rh 变量：如果 results.right_hand_landmarks 存在，则将其中的每个关键点的 x、y、z 坐标提取出来，形成一个形状为 (21, 3) 的二维数组，然后将其展平为一个一维数组；如果不存在，则创建一个长度为 63 的全零数组。

最后，使用 np.concatenate 函数将前面提取的所有关键点信息合并成一个单一的一维 NumPy 数组，并返回该数组。

这个函数的目的是将不同部位（姿势、面部、左手、右手）的关键点信息整合在一起，以便进行进一步的处理和分析。这里我们查看提取关键点的 shape 为 1662，每帧共计 1662 个关键点（468×3+33×4+21×3+21×3）。

3. 用于采集动作 Landmark 的目录设置

代码清单 6-10 存放需要采集的视频片段

```
# 用于采集 Landmark 用来训练手语
actions=np.array(['hi','thankyou'])

# 每个动作需要 30 个片段
no_seq= 30
```

```
# 每个片段需要 30frame，而每一帧有 1662 个 Key Point
sequence_len=30
for action in actions:
    for seq in range(no_seq):
        try:
            os.makedirs(os.path.join(DATA_FOLDER,action,str(seq)))
        except:
            pass
```

目录设置如图 6-12 所示。

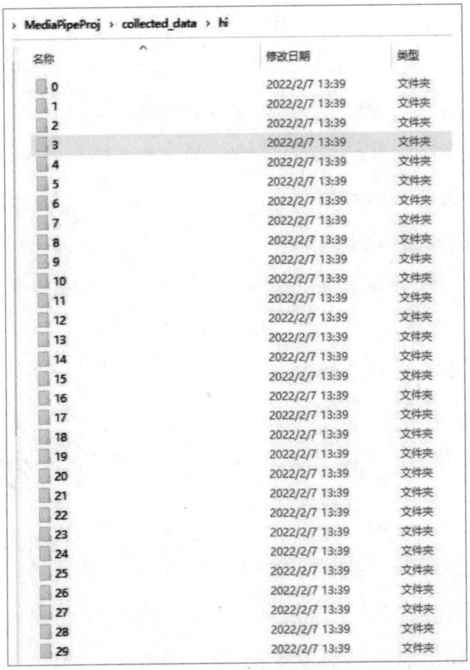

图 6-12 目录设置

4. 收集 Key Points 放到 folder 下用于 Train 和 Testing；添加刚采集的 breaks，运行 Reset 和 Reposition

代码清单 6-11 根据提示录制

```
#0 是默认的第一个摄像头
cap = cv2.VideoCapture(0)

with mediapipe_holistic.Holistic(min_detection_confidence=0.5,
                        min_tracking_confidence=0.5) as holistic:
```

```python
# 遍历 action
for action in actions:
    # 遍历 seq: 0 ~ 29
    for seq in range(no_seq):
        # 遍历每一帧: 0 ~ 29
        for frame_num in range(sequence_len):

            # 读取摄像头输入流
            ret,frame = cap.read()

            # 通过 MediaPipe 进行预测
            image,results=mp_detection(frame,holistic)
            print(results)

            # 绘制 Landmarks
            #draw_landmarks(image,results)
            draw_customerized_landmarks(image,results)

            # 实现采集的逻辑（停顿用于重设动作）
            if frame_num == 0:
                cv2.putText(image,'Begin Collection',(120,200),
                cv2.FONT_HERSHEY_SIMPLEX,1,(0,255,0),4,cv2.LINE_AA)
                cv2.putText(image,'Collecting frames for {} video num{}'
                            .format(action,seq),(15,12),
                            cv2.FONT_HERSHEY_SIMPLEX,0.5,(0,0,255),1,
                            cv2.LINE_AA)
                cv2.imshow('Read camera',image)
                cv2.waitKey(2000)
            else :
                cv2.putText(image,'Collecting frames for {} video num{}'
                            .format(action,seq),(15,12),
                            cv2.FONT_HERSHEY_SIMPLEX,0.5,(0,0,255),1,
                            cv2.LINE_AA)
                # 打开窗口显示
                cv2.imshow('Read camera',image)   ##image

            # 导出 keypoints 到 npy 文件
            keypoints=extract_keypoints(results)
            npy_path=os.path.join(DATA_FOLDER,action,str(seq), str(frame_num))
            np.save(npy_path,keypoints)

            # 关闭摄像头
            if cv2.waitKey(5) &0xFF == ord('q'):
                break
cap.release()
cv2.destroyAllWindows()
```

5. 数据的预处理（创建 Label 和 Feature）

这里引入 sklearn 的 Package，用来拆分 Train 和 Test Datasets。sklearn 内置了很多用于统计建模和机器学习的工具，包含回归、聚类、分类等模型的支持。

代码清单 6-12 数据预处理

```python
from tensorflow.keras.utils import to_categorical
from sklearn.model_selection import train_test_split
# 我们有 30×2 个视频片段。每个视频片段有 30frame，每一帧有 1662 个 pointlabel_mp={label:num
for num,label in enumerate(actions)}
label_mp
{'hi': 0, 'thankyou': 1}


## 接下来给每个视频片段添加 label，比如 hi.0(0~29 帧) - > 0
sequences, labels = [], []
for action in actions:
    for seq in range(no_sequence):
        window=[]
        for frame_num in range(sequence_len):
            res=np.load(os.path.join(DATA_FOLDER,action,str(seq),
                "{}.npy".format(frame_num)))
            window.append(res)
        sequences.append(window)
        labels.append(label_mp[action])


np.array(sequences).shape
#60 个视频片段，每个里面 30 帧，每帧 1662 个 Key Points
X = np.array(sequences)
X.shape
# (60, 30, 1662)
y=to_categorical(labels).astype(int)
#Keras 中有一个针对 Numpy Array 的工具，可以将整型的标签转换成 NumPy 数组或矩阵 X_train,X_
test,y_train,y_test=train_test_split(X,y,test_size=0.05)
# 测试集的比例设定为 5%
```

6. 构建和训练

LSTM 是一种常用的循环神经网络模型，它能够处理和预测序列数据，在自然语言处理、机器翻译、语音识别等领域有广泛的应用。

选择 LSTM 构建模型的原因有以下几点：

- LSTM 可以处理序列数据，因此可以用于解决很多序列相关的问题。

- LSTM 有较强的长时记忆能力，能够记住序列中更长时间的信息，在处理序列数据时效果更好。

- LSTM 有较强的拟合能力，能够较好地拟合复杂的序列数据，并且在训练过程中不容易过拟合。

- LSTM 可以在训练过程中自动学习序列数据的重要特征，使得模型的效果更好。

代码清单 6-13 构建 LTSM 网络

```
from tensorflow.keras.models import Sequential
from tensorflow.keras.layers import LSTM,Dense   # 构建 LSTM 和 Dense 模型
from tensorflow.keras.callbacks import TensorBoard

log_dir=os.path.join('Tensorboard_Logs')
tb_callback=TensorBoard(log_dir=log_dir)
X.shape # (60, 30, 1662)



# 模型定义的部分
model=Sequential()
# 添加一个 64 unit 的 LSTM 层
model.add(LSTM(64,return_sequences=True,activation='relu',input_shape=(30,1662)))
model.add(LSTM(128,return_sequences=True,activation='relu'))
model.add(LSTM(64,return_sequences=False,activation='relu'))
model.add(Dense(64,activation='relu'))
model.add(Dense(32,activation='relu'))
model.add(Dense(actions.shape[0],activation='softmax'))
model.compile(optimizer='Adam',loss='categorical_crossentropy',metrics=['categorical_accuracy'])
# 如果是二分类，loss 采用 binary_crossentropy
model.fit(X_train,y_train,epochs=300,callbacks=[tb_callback])
```

上述代码使用 TensorFlow 库构建一个深度学习模型，用于处理时间序列数据。

【代码说明】

首先，导入所需的库和模块：从 tensorflow.keras.models 中导入 Sequential 模型，从 tensorflow.keras.layers 中导入 LSTM 和 Dense 层，从 tensorflow.keras.callbacks 中导入 TensorBoard 回调函数。

然后，设置 TensorBoard 日志目录：创建一个名为 Tensorboard_Logs 的文件夹，用于存储 TensorBoard 生成的日志文件。

最后，定义模型结构：创建一个 Sequential 模型，并添加以下层：

- 一个 64 个单元的 LSTM 层,返回序列(return_sequences=True),激活函数为 ReLU (activation='relu'),输入形状为 (30, 1662)。

- 一个 128 个单元的 LSTM 层,返回序列(return_sequences=True),激活函数为 ReLU (activation='relu')。

- 一个 64 个单元的 LSTM 层,不返回序列(return_sequences=False),激活函数为 ReLU (activation= 'relu')。

- 一个 64 个单元的全连接层(Dense),激活函数为 ReLU(activation='relu')。

- 一个 32 个单元的全连接层(Dense),激活函数为 ReLU(activation='relu')。

- 一个输出层,神经元数量等于 actions 的形状的第一个维度(actions.shape[0]),激活函数为 Softmax(activation='softmax')。

7. 编译模型

使用 Adam 优化器、分类交叉熵损失函数(categorical_crossentropy)和分类准确率指标(categorical_accuracy)对模型进行编译。

8. 训练模型

使用训练数据 X_train 和标签 y_train 对模型进行训练,迭代次数为 300 次,并在每个 Epoch 结束时记录 TensorBoard 日志。

输出结果如图 6-13 所示。

```
Epoch 292/300
57/57 [==============================] - 1s 19ms/sample - loss: 32.9174 - categorical_accuracy: 0.6491
Epoch 293/300
57/57 [==============================] - 1s 22ms/sample - loss: 134.2435 - categorical_accuracy: 0.5088
Epoch 294/300
57/57 [==============================] - 1s 18ms/sample - loss: 84.9144 - categorical_accuracy: 0.4737
Epoch 295/300
57/57 [==============================] - 1s 16ms/sample - loss: 208.9998 - categorical_accuracy: 0.4912
Epoch 296/300
57/57 [==============================] - 1s 14ms/sample - loss: 65.6804 - categorical_accuracy: 0.5789
Epoch 297/300
57/57 [==============================] - 1s 17ms/sample - loss: 113.6841 - categorical_accuracy: 0.5088
Epoch 298/300
57/57 [==============================] - 1s 16ms/sample - loss: 53.0607 - categorical_accuracy: 0.5789
Epoch 299/300
57/57 [==============================] - 2s 26ms/sample - loss: 140.3188 - categorical_accuracy: 0.4912
Epoch 300/300
57/57 [==============================] - 1s 15ms/sample - loss: 57.9175 - categorical_accuracy: 0.5439
```

图 6-13 LTSM 的输出

切换到 tensorboard logs 目录,在 cd C:\Users\XXX\MediaPipeProj\Tensorboard_Logs 命令行输入 "tensorboard --logdir="。

在浏览器中打开 http://localhost:6006/,查看模型的 Summary,如图 6-14 和图 6-15 所示。

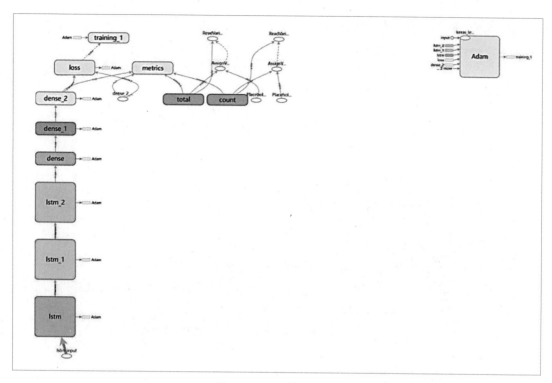

图 6-14　LTSM 模型的结构

```
Model: "sequential_1"

Layer (type)                 Output Shape              Param #
=================================================================
lstm (LSTM)                  (None, 30, 64)            442112

lstm_1 (LSTM)                (None, 30, 128)           98816

lstm_2 (LSTM)                (None, 64)                49408

dense (Dense)                (None, 64)                4160

dense_1 (Dense)              (None, 32)                2080

dense_2 (Dense)              (None, 2)                 66
=================================================================
Total params: 596,642
Trainable params: 596,642
Non-trainable params: 0
```

图 6-15　LTSM 模型的各层级结构

9. 做出预测，并且集成到 MediaPipe 中

代码清单 6-14 查看预测输出结果

```
res=model.predict(X_test)
np.sum(res[0])
## 1.0
actions[np.argmax(res[1])]
##'hi'
actions[np.argmax(y_test[1])]
##'hi'
```

上述代码使用一个已经训练好的模型对测试数据（X_test）进行预测，并输出预测结果。

【代码说明】

- res=model.predict(X_test)：表示使用模型的 predict 方法对测试数据 X_test 进行预测，并将预测结果存储在变量 res 中。res 是一个包含两个元素的数组，第一个元素是预测的概率分布，第二个元素是预测的类别标签。

- np.sum(res[0])：表示计算预测概率分布的第一个元素（第一个类别的概率）的总和。在这个例子中，总和为 1.0。

- actions[np.argmax(res[1])]：表示找到预测类别标签数组（第二个元素）中最大值的索引，然后使用该索引从 actions 数组中获取对应的类别标签。

- actions[np.argmax(y_test[1])]：与一行类似，但使用的是测试数据的类别标签数组（y_test[1]）。在这个例子中，最大值为 'hi'。

10. 保存模型权重

代码清单 6-15 保存模型权重

```
model.save('action_res.h5')
del model
model.load_weights('action_res.h5')
```

【代码说明】

- model.save('action_res.h5')：这行代码将当前的模型保存为一个名为 action_res.h5 的文件。这个文件包含模型的结构、优化器的状态以及其他相关信息，以便在以后重新加载和使用。

- del model：这行代码删除了变量 model，释放了它所占用的资源。这样做是为了确保在加载模型权重之前，没有其他引用指向该模型。

- model.load_weights('action_res.h5')：这行代码从 action_res.h5 文件中加载模型的权重。这样，就可以继续使用之前训练好的模型进行预测或者其他操作，而不需要从头开始训练。

11. 测试 Confusion Matrix 和准确度

代码清单 6-16 评价模型指标

```
from sklearn.metrics import multilabel_confusion_matrix,accuracy_score
yhat=model.predict(X_test)
ytrue=np.argmax(y_test,axis=1).tolist()
yhat=np.argmax(yhat,axis=1).tolist()
multilabel_confusion_matrix(ytrue,yhat)
array([[[0, 2],
        [0, 1]],

       [[1, 0],
        [2, 0]]], dtype=int64)
accuracy_score(ytrue,yhat)
```

上述代码用于计算多标签分类问题的混淆矩阵和准确率。

【代码说明】

首先，从 sklearn.metrics 模块导入 multilabel_confusion_matrix 和 accuracy_score 两个函数。

然后，使用模型的 predict 方法对测试集 X_test 进行预测，得到预测结果 yhat。

接着，将真实标签 y_test 转换为列表形式，并使用 NumPy 的 argmax 函数沿着 axis=1（按行）找到每行最大值的索引，再将其转换为列表形式，得到预测标签 yhat。

接着，使用 multilabel_confusion_matrix 函数计算混淆矩阵，该矩阵是一个二维数组，表示实际标签和预测标签之间的匹配情况。在这个例子中，混淆矩阵为：

```
array([[[0, 2],
        [0, 1]],

       [[1, 0],
        [2, 0]]], dtype=int64)
```

最后，使用 accuracy_score 函数计算准确率，该函数返回预测正确的样本数占总样本数的比例。在这个例子中，准确率为：

```
accuracy_score(ytrue,yhat)
```

12. 实时测试完整代码

代码清单 6-17 实时测试

```
# 每次积累到 30 frame 就可以进行预测
sequence=[]
sentence=[]
threshod=0.4
```

```
#0 是默认的第一个摄像头
cap = cv2.VideoCapture(0)
# 初始化时间，用于计算 FPS（每秒帧率）
previousTime = 0
currentTime = 0
with mediapipe_holistic.Holistic(min_detection_confidence=0.5, min_tracking_
confidence=0.5) as holistic:
    while cap.isOpened():
        # 读取摄像头输入流
        ret,frame = cap.read()

        # 通过 MediaPipe 进行预测
        image,results=mp_detection(frame,holistic)
        print(results)

        # 绘制 landmarks
        #draw_landmarks(image,results)
        draw_customerized_landmarks(image,results)

        # 计算 FPS
        currentTime = time.time()
        fps = 1 / (currentTime-previousTime)
        previousTime = currentTime

        # 在窗口显示 FPS
        cv2.putText(image, str(int(fps))+" FPS", (10, 70), cv2.FONT_HERSHEY_
COMPLEX, 1, (0,255,0), 2)

        # 模型预测的逻辑           keypoints = extract_keypoints(results)
        #sequence.insert(0,keypoints)
        #sequence=sequence[:30]

        sequence.append(keypoints)
        sequence=sequence[-30:]

        if len(sequence)==30:
            res=model.predict(np.expand_dims(sequence,axis=0))[0]
            print(actions[np.argmax(res)])

        # 窗口显示预测内容
        if res[np.argmax(res)]>threshold:
            if len(sentence)>0:
                if actions[np.argmax(res)]!=sentence[-1]:
                    sentence.append(actions[np.argmax(res)])
```

```
        else:
            sentence.append(actions[np.argmax(res)])
        if len(sentence)>5:
            sentence=sentence[-5:]

        image=prob_viz(res,actions,image,colors)

        cv2.rectangle(image,(0,0),(640,40),(245,110,160),-1)
        cv2.putText(image,' '.join(sentence),(3,30), cv2.FONT_HERSHEY_SIMPLEX, 1,
(255,255,255),2,cv2.LINE_AA)


        # 打开窗口显示
        cv2.imshow('Read camera',image)  ##image
        # 关闭摄像头
        if cv2.waitKey(5) &0xFF == ord('q'):
            break
    cap.release()
    cv2.destroyAllWindows()
```

输出手语如图 6-16 所示。

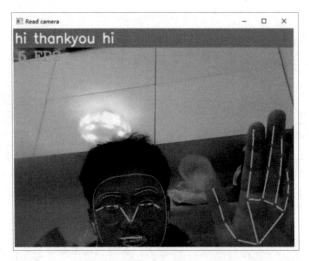

图 6-16 输出手语翻译示意图

代码清单 6-18 输出当前手势语言

```
colors=[(245,117,16),(117,45,16),(16,117,245)]
def prob_viz(res,actions,input_frame,colors):
    output_frame=input_frame.copy()
    for num,prob in enumerate(res):
```

```
                cv2.rectangle(output_frame,(0,60+num*40),(int(prob*100),90+num*40),
colors[num],-1)
                cv2.putText(output_frame,actions[num],(0,85+num*40), cv2.FONT_HERSHEY_
SIMPLEX,1,(255,255,255),2,cv2.LINE_AA)
        return output_frame
    plt.figure(figsize=(18,18))
    plt.imshow(prob_viz(res,actions,image,colors))
    plt.show()
```

上述代码实现了一个用于可视化概率分布的函数。它接收 4 个参数：res（概率值列表）、actions（动作名称列表）、input_frame（输入图像）和 colors（颜色列表）。

【代码说明】

首先，该函数创建了一个名为 output_frame 的新图像，它是 input_frame 的副本。然后，遍历 res 列表中的每个概率值，并使用 cv2.rectangle() 函数在 output_frame 上绘制一个矩形框。矩形框的位置和大小根据概率值计算得出，颜色由 colors 列表中的颜色决定。

然后，该函数使用 cv2.putText() 函数在每个矩形框内添加相应的动作名称。文本的位置和样式也根据矩形框的大小和位置计算得出。

最后，该函数返回包含可视化结果的 output_frame。

在代码的最后部分，使用 plt.figure() 和 plt.imshow() 函数显示生成的可视化图像。

输出结果如图 6-17 所示。

图 6-17 输出手语翻译示意图（当前翻译）

6.3　小结

通过 MediaPipe 进行手语识别是一项引人入胜的技术挑战，允许我们将现代计算机视觉和机器学习技术与实际需求相结合，以改善聋哑人士和手语用户的生活质量。在本章中，我们探讨了一种使用 MediaPipe 的方法，以实现手语识别的关键步骤。

首先，我们了解了 MediaPipe 框架的基本概念和功能，它提供了一种便捷的方式来处理图像和视频数据，同时集成了许多预训练的机器学习模型，用于姿态估计和手部追踪。

其次，我们讨论了数据采集和准备的重要性。准备好图像和视频数据是成功的手语识别系统的基础。我们需要确保数据集足够多样化，以便模型能够适应不同的手势和环境条件。

再次，我们详细介绍了如何使用 MediaPipe 的 Hand 模块来检测和跟踪手部的关键点。这对于理解手势的形状和位置至关重要，以便进行后续的手语识别。

接着，我们还讨论了如何选择适当的机器学习模型和算法，以从手部姿态数据中提取有关手语的信息。这包括特征提取、模型训练和评估的过程。

最后，我们探讨了系统的实际应用和未来潜力。手语识别技术可以在许多领域发挥作用，包括教育、辅助通信、虚拟现实及其他。

通过 MediaPipe 进行手语识别是一项具有挑战性和价值的任务，它为技术创新和社会包容性提供了新的可能性。我们鼓励读者深入研究和实践，以推动这一领域的发展，为更多人创造更多的机会和便利。

第 **7** 章

MediaPipe 智能健身教练实战

本章主要讲解如何使用 MediaPipe 的姿态识别功能识别人体的关键点，实现通过摄像头对常见的健身运动姿态的识别并且给出及时的反馈以供用户进行调整。

7.1 智能健身概述

目前市面上有很多健身类 App，此类健身 App 大多数采用摄像头或深度摄像机的方式作为输入，提供给用户健身类项目进行识别，并且给出实时的反馈，对于当前动作是否到位、是否对肌肉有潜在的损害给出对应的提醒。同时，结合对运动速度的计算，帮助用户发掘体能的潜能。此类 App 还会对于正确动作的比例、总体耗时以及卡路里消耗给出健身改进的建议。智能健身类 App 开启了全民健身的热潮。我们借助 MediaPipe 即可轻松实现智能健身教练的功能。

早在 15 世纪，达·芬奇就发明了一种用来测量士兵走路步数的设备，可以认作智能健身设备的雏形。随着钟表和机械技术的发展，各种机械或电子类计步器进入人们的眼帘，18世纪 70 年代瑞士钟表行业制造了第一个现代计步器，随着医疗行业技术的发展，肤电反应（Galvanic Skin Response）用于对脉搏、血压的测量量化，以及加速传感器（Acceleromete）广泛用于汽车和穿戴设备，提供了通过加速度测量进行计步的更精确的解决方案。

2000 年以后，各种物联网技术的发展应用，以及基于 iOS/Android 的应用的蓬勃发展，使得基于低成本和便携设备的多输入媒介的智能健身方案成为可能。这些应用能够跟踪用户的运动活动，包括跑步、骑自行车、游泳等，并且提供详细的健身数据。除传统跑步计数外，当代的智能健身类应用大多包含下列功能：通过用户输入年龄、性别、运动目标（减脂或增肌等）帮助用户制订相关健身计划，通过（红外或深度）摄像头作为输入识别用户每次健身的完成状况，并且通过屏幕或者语音的方式针对用户的实时反馈给出纠正建议，部分应用通过穿戴设备获取到用户心率、血压等数据进行更精确的判断和给出更专业的健身建议，同时结合 AI 语音助手对用户的锻炼请求给出交互反应、使得整个健身过程更像是和真人教练进行交流。此外，随着各种 VR 和游戏技术的跨界联合，用户可以在游戏的过程中，通过虚拟现实的方式使用各种器械，或和虚拟教练进行交流，增加健身运动的趣味性。允许用户通过虚拟现实（VR）和增强现实（AR）体验更加吸引人的健身活动。而近些年来兴起的智能健身技术越来越多地集成了人工智能和机器学习算法，可以通过分析大量的健身数据，为用户提供个性化的建议和方案。这些算法可以识别运动技巧、改进锻炼姿势。

人工智能技术的发展推动了 AI 健身教练的普及，使得人们足不出户就可以实现在专业健身教练指导下进行健身塑身。接下来讲解如何通过 MediaPipe 框架对常见的健身动作进行识别并进行计数，本章结束时读者可以着手开发属于自己的智能健身教练应用。

7.2　MediaPipe 健康教练的实现

主要步骤如下：

步骤 01　提取人体姿态关键点。

步骤 02　识别提取人体关节的关键点（Join Coordinates）。

步骤 03　计算关节角度。

步骤 04　通过 MediaPipe 框架进行实时预测，结合逻辑判断动作是否完成。

通过 AI 进行体育项目的姿态识别大体上是通过姿态检测模型来识别人体的关键点的，并且通过固定的关键点进行角度的判断。大多数体育运动是肌肉的拉升和舒张的反复过程，这个过程可以通过 3 点和两条边进行夹角的判断，通过夹角的范围来判定一次动作的完成，重复以上过程从而完成计数。

杠铃弯举（Barbell Curls）可以通过肩部（关键点 11）、肘部（关键点 13）和腕部（关键点 15）形成的夹角来判断动作的完成。假定动作开始时角度为 200 度，完成时角度为 30 度，使用线性拟合判断当前位置处于完成状态的百分比，如图 7-1 所示。

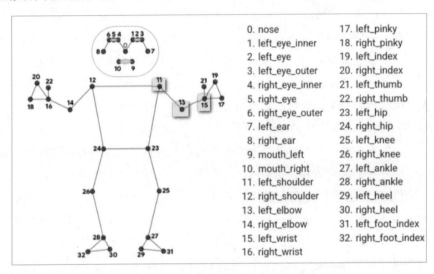

图 7-1 Holistic 姿态估计 33 点示意图

（1）根据以上过程，我们来判定其他体育锻炼动作的完成。深蹲（Squats）可以判断骶部（关键点 23）、膝盖（关键点 25）、脚踝（关键点 27）形成的夹角，通过角度的变换识别动作是否完成，如图 7-2 所示。

图 7-2 深蹲动作

（2）悬垂举腿（Leg Raise）可以判断肩膀（关键点 11）、骶部（关键点 23）和膝盖（关键点 25）形成的夹角，通过角度的变换识别动作是否完成，如图 7-3 所示。

图 7-3 悬垂举腿动作

（3）俯卧撑（Push-UP）可以判断手腕（关键点 15）、手肘（关键点 13）和肩膀（关键点 11）形成的夹角，通过角度的变换识别动作是否完成，如图 7-4 所示。

（4）为了有效识别人体关键点，我们需要引入姿态检测模型，类似地，先导入 MediaPipe 的 Solution Package。

图 7-4 俯卧撑动作

下述代码是使用 MediaPipe 库进行人体姿态估计的 Python 脚本。

代码清单 7-1 MediaPipe Pose 估算模型

```
import cv2
import mediapipe as mp
import numpy as np
import time
mediapipe_pose=mp.solutions.pose # pose 模型
mediapipe_drawing=mp.solutions.drawing_utils # 画图工具
```

【代码说明】

首先，导入了所需的库：cv2（OpenCV 的 Python 接口）、mediapipe_holistic（MediaPipe 的整体解决方案）、NumPy（用于科学计算）和 time（用于处理时间）。

然后，通过 mp.solutions.pose 初始化了 MediaPipe 的姿态估计模型，这个模型可以用来检测人体关键点，例如肩膀、肘部、手腕、膝盖、脚踝等。同时，mp.solutions.drawing_utils 用来提供绘图工具，以在图像上可视化检测结果。

此外，mp_pose.Pose() 函数用来设置姿势估计的处理方式。如果 static_image_mode=True，则表示处理静态图像；如果 static_image_mode=False，则表示处理视频流。

总体来说，这段代码的目的是使用 MediaPipe 的姿态估计模型来检测图像或视频中的人体关键点，并将结果可视化。

代码清单 7-2 列举所有的 Pose Landmark，一共 33 点

```
for landmark in mediapipe_pose.PoseLandmark:
    print(landmark,landmark.value)
```

```
PoseLandmark.NOSE 0
PoseLandmark.LEFT_EYE_INNER 1
PoseLandmark.LEFT_EYE 2
PoseLandmark.LEFT_EYE_OUTER 3
PoseLandmark.RIGHT_EYE_INNER 4
PoseLandmark.RIGHT_EYE 5
PoseLandmark.RIGHT_EYE_OUTER 6
PoseLandmark.LEFT_EAR 7
PoseLandmark.RIGHT_EAR 8
PoseLandmark.MOUTH_LEFT 9
PoseLandmark.MOUTH_RIGHT 10
PoseLandmark.LEFT_SHOULDER 11
PoseLandmark.RIGHT_SHOULDER 12
PoseLandmark.LEFT_ELBOW 13
PoseLandmark.RIGHT_ELBOW 14
PoseLandmark.LEFT_WRIST 15
PoseLandmark.RIGHT_WRIST 16
PoseLandmark.LEFT_PINKY 17
PoseLandmark.RIGHT_PINKY 18
PoseLandmark.LEFT_INDEX 19
PoseLandmark.RIGHT_INDEX 20
PoseLandmark.LEFT_THUMB 21
PoseLandmark.RIGHT_THUMB 22
PoseLandmark.LEFT_HIP 23
PoseLandmark.RIGHT_HIP 24
PoseLandmark.LEFT_KNEE 25
PoseLandmark.RIGHT_KNEE 26
PoseLandmark.LEFT_ANKLE 27
PoseLandmark.RIGHT_ANKLE 28
PoseLandmark.LEFT_HEEL 29
```

```
PoseLandmark.RIGHT_HEEL 30
PoseLandmark.LEFT_FOOT_INDEX 31
PoseLandmark.RIGHT_FOOT_INDEX 32
```

（5）接下来通过下列代码打开摄像头并作为输入，以便于后续将视频帧传递给 MediaPipe 姿态估计框架进行关键点预测（以下代码是使用 MediaPipe 库进行人体姿态估计的一部分）。

代码清单 7-3 打开摄像头并作为输入

```
#0 是默认的第一个摄像头
cap = cv2.VideoCapture(0)
# 初始化时间, 用于计算 FPS（每秒帧率）
previousTime = 0
currentTime = 0
while cap.isOpened():
    # 读取摄像头输入流
    ret,image = cap.read()

    # 计算 FPS
    currentTime = time.time()
    fps = 1 / (currentTime-previousTime)
    previousTime = currentTime

    # 在窗口显示 FPS
    cv2.putText(image, str(int(fps))+" FPS", (10, 70), cv2.FONT_HERSHEY_COMPLEX,
1, (0,255,0), 2)

    # 打开窗口显示, y 轴翻转, 适合自拍模式
    cv2.imshow('Read camera',cv2.flip(image,1))  ##image
    # 关闭摄像头
    if cv2.waitKey(5) &0xFF == ord('q'):
        break
cap.release()
cv2.destroyAllWindows()
```

上述代码遍历了 mediapipe_pose.PoseLandmark 中的所有关键点，并打印出每个关键点的名称和对应的值。

PoseLandmark 是一个枚举类型，包含人体姿态估计模型中所有可能的关键点。例如，PoseLandmark.NOSE 表示鼻子的位置，PoseLandmark.LEFT_EYE 表示左眼的位置等。每个关键点都有一个唯一的整数值，用于后续的处理。

这段代码的主要目的是将关键点的名称和值输出到控制台，以便于开发者查看和分析。

（6）mediapipe_pose.POSE_CONNECTIONS # 显示了连接线和连接关系。

代码清单 7-4 | POSE_CONNECTIONS 显示关键点的连接

```
<PoseLandmark.NOSE: 0>, <PoseLandmark.LEFT_EYE_INNER: 1>),
        (<PoseLandmark.NOSE: 0>, <PoseLandmark.RIGHT_EYE_INNER: 4>),
        (<PoseLandmark.LEFT_EYE_INNER: 1>, <PoseLandmark.LEFT_EYE: 2>),
        (<PoseLandmark.LEFT_EYE: 2>, <PoseLandmark.LEFT_EYE_OUTER: 3>),
        (<PoseLandmark.LEFT_EYE_OUTER: 3>, <PoseLandmark.LEFT_EAR: 7>),
        (<PoseLandmark.RIGHT_EYE_INNER: 4>, <PoseLandmark.RIGHT_EYE: 5>),
        (<PoseLandmark.RIGHT_EYE: 5>, <PoseLandmark.RIGHT_EYE_OUTER: 6>),
        (<PoseLandmark.RIGHT_EYE_OUTER: 6>, <PoseLandmark.RIGHT_EAR: 8>),
        (<PoseLandmark.MOUTH_RIGHT: 10>, <PoseLandmark.MOUTH_LEFT: 9>),
        (<PoseLandmark.LEFT_SHOULDER: 11>, <PoseLandmark.LEFT_ELBOW: 13>),
        (<PoseLandmark.LEFT_SHOULDER: 11>, <PoseLandmark.LEFT_HIP: 23>),
        (<PoseLandmark.RIGHT_SHOULDER: 12>,
         <PoseLandmark.LEFT_SHOULDER: 11>),
        (<PoseLandmark.RIGHT_SHOULDER: 12>, <PoseLandmark.RIGHT_ELBOW: 14>),
        (<PoseLandmark.RIGHT_SHOULDER: 12>, <PoseLandmark.RIGHT_HIP: 24>),
        (<PoseLandmark.LEFT_ELBOW: 13>, <PoseLandmark.LEFT_WRIST: 15>),
        (<PoseLandmark.RIGHT_ELBOW: 14>, <PoseLandmark.RIGHT_WRIST: 16>),
        (<PoseLandmark.LEFT_WRIST: 15>, <PoseLandmark.LEFT_PINKY: 17>),
        (<PoseLandmark.LEFT_WRIST: 15>, <PoseLandmark.LEFT_INDEX: 19>),
        (<PoseLandmark.LEFT_WRIST: 15>, <PoseLandmark.LEFT_THUMB: 21>),
        (<PoseLandmark.RIGHT_WRIST: 16>, <PoseLandmark.RIGHT_PINKY: 18>),
        (<PoseLandmark.RIGHT_WRIST: 16>, <PoseLandmark.RIGHT_INDEX: 20>),
        (<PoseLandmark.RIGHT_WRIST: 16>, <PoseLandmark.RIGHT_THUMB: 22>),
        (<PoseLandmark.LEFT_PINKY: 17>, <PoseLandmark.LEFT_INDEX: 19>),
        (<PoseLandmark.RIGHT_PINKY: 18>, <PoseLandmark.RIGHT_INDEX: 20>),
        (<PoseLandmark.LEFT_HIP: 23>, <PoseLandmark.LEFT_KNEE: 25>),
        (<PoseLandmark.RIGHT_HIP: 24>, <PoseLandmark.LEFT_HIP: 23>),
        (<PoseLandmark.RIGHT_HIP: 24>, <PoseLandmark.RIGHT_KNEE: 26>),
        (<PoseLandmark.LEFT_KNEE: 25>, <PoseLandmark.LEFT_ANKLE: 27>),
        (<PoseLandmark.RIGHT_KNEE: 26>, <PoseLandmark.RIGHT_ANKLE: 28>),
        (<PoseLandmark.LEFT_ANKLE: 27>, <PoseLandmark.LEFT_HEEL: 29>),
        (<PoseLandmark.LEFT_ANKLE: 27>, <PoseLandmark.LEFT_FOOT_INDEX: 31>),
        (<PoseLandmark.RIGHT_ANKLE: 28>, <PoseLandmark.RIGHT_HEEL: 30>),
        (<PoseLandmark.RIGHT_ANKLE: 28>,
         <PoseLandmark.RIGHT_FOOT_INDEX: 32>),
        (<PoseLandmark.LEFT_HEEL: 29>, <PoseLandmark.LEFT_FOOT_INDEX: 31>),
        (<PoseLandmark.RIGHT_HEEL: 30>,
         <PoseLandmark.RIGHT_FOOT_INDEX: 32>)})
```

这段代码定义了一些关键点之间的连接关系。每个连接关系由两个关键点组成，用元组表示。例如，第一个元组 (<PoseLandmark.NOSE: 0>, <PoseLandmark.LEFT_EYE_INNER: 1>) 表示鼻子（NOSE）和左眼内眼角（LEFT_EYE_INNER）之间存在连接关系。

这些连接关系可以用于构建人体骨架模型，从而进行姿态估计、动作识别等任务。在实际应用中，这些连接关系通常存储在一个列表或字典中，以便后续处理时能够快速查找关键点之间的关联。

（7）添加姿态检测功能调用模块。

代码清单 7-5 姿态检测 #0 是默认的第一个摄像头

```
cap = cv2.VideoCapture(0)
# 初始化时间，用于计算 FPS（每秒帧率）
previousTime = 0
currentTime = 0
with mediapipe_pose.Pose(min_detection_confidence=0.5, min_tracking_confidence=0.5)
as pose:
    while cap.isOpened():
        # 读取摄像头输入流
        ret,frame = cap.read()

        image=cv2.cvtColor(frame,cv2.COLOR_BGR2RGB) #converts an input image from
one color space to another
        image.flags.writeable=False              #image 对象不可写，减少内存占用
        results=pose.process(image)
        image.flags.writeable=True               #image 对象重置成可写
        image=cv2.cvtColor(image,cv2.COLOR_RGB2BGR) #OpenCV 色彩的顺序是 BGR，需要转换
回来
        print(results)
        # 绘制检测的 Landmark
        mediapipe_drawing.draw_landmarks(image,results.pose_landmarks,
                          mediapipe_pose.POSE_CONNECTIONS,
                          mediapipe_drawing.DrawingSpec(color=(240,110,66),
                          thickness=2,circle_radius=2),
                          mediapipe_drawing.DrawingSpec (color=(1,26,255),
                          thickness=2,circle_radius=2))
        # 计算 FPS
        currentTime = time.time()
        fps = 1 / (currentTime-previousTime)
        previousTime = currentTime

        # 在窗口显示 FPS
        cv2.putText(image, str(int(fps))+" FPS", (10, 70), cv2.FONT_HERSHEY_
COMPLEX, 1, (0,255,0), 2)

        # 打开窗口显示，y 轴翻转，适合自拍模式
        cv2.imshow('Read camera',cv2.flip(image,1))  ##image
```

```
        # 关闭摄像头
        if cv2.waitKey(5) &0xFF == ord('q'):
            break
    cap.release()
    cv2.destroyAllWindows()
```

可以看出，pose_landmark 的输出结果包含 x、y、z 坐标以及可见度（Visibility）的概率。

代码清单 7-6 results.pose_landmarks 的输出

```
landmark {
  x: 0.539343535900116
  y: 0.5692596435546875
  z: -1.8363412618637085
  visibility: 1.0
}
landmark {
  x: 0.5666736960411072
  y: 0.46868541836738586
  z: -1.7561047077178955
  visibility: 1.0
}
landmark {
  x: 0.5908899307250977
  y: 0.4652807414531708
  z: -1.7559747695922852
  visibility: 0.9999998807907104
}
```

上述代码定义了三个名为 landmark 的对象，每个对象都有 x、y、z 和 visibility 四个属性。这些对象用于表示三维空间中的某个点或特征的位置和可见性。

第一个对象（landmark 0）的坐标为 (0.539343535900116, 0.5692596435546875, -1.8363412618637085)，可见性为 1.0。

第二个对象（landmark 1）的坐标为 (0.5666736960411072, 0.46868541836738586, -1.7561047077178955)，可见性为 1.0。

第三个对象（landmark 2）的坐标为 (0.5908899307250977, 0.4652807414531708, -1.7559747695922852)，可见性为 0.9999998807907104。

（8）在这里查看关键点 11（Left_shoulder）、13（LEFT_ELBOW）和 15（LEFT_WRIST）的坐标位置。

代码清单 7-7 landmarks[mediapipe_pose.PoseLandmark.LEFT_SHOULDER.value]

```
x: 0.8139246106147766
y: 0.9414571523666382
z: -0.4122684597969055
visibility: 0.9949827194213867
```

这段代码定义了 4 个变量：x、y、z 和 visibility。它们分别表示三维空间中点的位置及其可见性。

- x: 0.8139246106147766，表示点的 x 坐标为 0.8139246106147766。

- y: 0.9414571523666382，表示点的 y 坐标为 0.9414571523666382。

- z: -0.4122684597969055，表示点的 z 坐标为 –0.4122684597969055。

- visibility: 0.9949827194213867，表示点的可见性为 0.9949827194213867。

代码清单 7-8 landmarks[mediapipe_pose.PoseLandmark. LEFT_ELBOW.value]

```
x: 0.9057507514953613
y: 1.483981966972351
z: -0.33735817670822144
visibility: 0.11912652850151062
```

代码清单 7-9 landmarks[mediapipe_pose.PoseLandmark. LEFT_WRIST.value]

```
x: 0.8689607381820679
y: 1.8298487663269043
z: -0.9922800064086914
visibility: 0.0188065767288208
```

（9）找到我们需要的人体关键点后，接下来通过以三个点形成的夹角值是否位于预设的角度区间，从而判断特定的健身动作是否完成，相关代码如下。

代码清单 7-10 landmarks[mediapipe_pose.PoseLandmark. LEFT_WRIST.value]

```
def calculate_angle(a,b,c):
    a=np.array(a)  # 第一个点
    b=np.array(b)  # 第二个点
    c=np.array(c)  # 第三个点

    radians=np.arctan2(c[1]-b[1],c[0]-b[0])-np.arctan2(a[1]-b[1], a[0]-b[0])
    angle=np.abs(radians*180/np.pi)

    if angle>180.0:
        angle=360-angle
    return angle
```

上述代码定义了一个名为 calculate_angle 的函数，用于计算三个点之间的夹角。该函数接收三个参数，分别表示这三个点的坐标。

【代码说明】

首先，将输入的坐标转换为 NumPy 数组。

然后，使用 np.arctan2 函数计算两个向量（从第一个点到第二个点和从第一个点到第三个点）之间的角度。

接着，将弧度值转换为角度值。如果计算出的角度大于 180 度，那么将其转换为 360 度减去该角度的值，以确保结果在 0 ～ 360 度。

最后，返回计算得到的角度值。

代码清单 7-11 landmarks[mediapipe_pose.PoseLandmark. LEFT_WRIST.value]

```
    l_shoulder=[landmarks[mediapipe_pose.PoseLandmark.LEFT_SHOULDER].
x,landmarks[mediapipe_pose.PoseLandmark.LEFT_SHOULDER].y]
    l_elbow=[landmarks[mediapipe_pose.PoseLandmark.LEFT_ELBOW].x,landmarks[mediapipe_
pose.PoseLandmark.LEFT_ELBOW].y]
    l_wrist=[landmarks[mediapipe_pose.PoseLandmark.LEFT_WRIST].x,landmarks[mediapipe_
pose.PoseLandmark.LEFT_WRIST].y]
```

这段代码定义了三个列表：l_shoulder、l_elbow 和 l_wrist。这三个列表分别存储左肩、左肘和左腕的 x 和 y 坐标。

通过访问 mediapipe_pose.PoseLandmark 枚举类中的 LEFT_SHOULDER、LEFT_ELBOW 和 LEFT_WRIST 属性，可以获取到对应的关键点索引。然后，通过 landmarks 列表中对应索引的值可以得到关键点的 x 和 y 坐标，并将它们分别存储在 l_shoulder、l_elbow 和 l_wrist 列表中。

代码清单 7-12 l_shoulder,l_elbow,l_wrist

```
([0.9165237545967102, 0.9808986783027649],
 [0.9790090322494507, 1.449641466140747],
 [0.8748534321784973, 1.7425236701965332])
```

代码清单 7-13 calculate_angle(l_shoulder,l_elbow,l_wrist) #a,b,c

```
164.32158528384997
```

（10）接下来，添加关键点夹角判断的逻辑。

代码清单 7-14 夹角判定逻辑

```
#0 是默认的第一个摄像头
cap = cv2.VideoCapture(0)
# 初始化时间，用于计算 FPS（每秒帧率）
previousTime = 0
currentTime = 0
with mediapipe_pose.Pose(min_detection_confidence=0.5, min_tracking_confidence=0.5)
    as pose:
    while cap.isOpened():
        # 读取摄像头输入流
        ret,frame = cap.read()

        image=cv2.cvtColor(frame,cv2.COLOR_BGR2RGB)  #converts an input image from
                one color space to another
        image.flags.writeable=False        #image 对象不可写，减少内存占用
        results=pose.process(image)
        image.flags.writeable=True         #image 对象重置成可写
        image=cv2.cvtColor(image,cv2.COLOR_RGB2BGR)  #OpenCV 色彩的顺序是 BGR，需要转换回来
        print(results)
        try:
            landmarks=results.pose_landmarks.landmark
            # 获取坐标
            l_shoulder=[landmarks[mediapipe_pose.PoseLandmark. LEFT_SHOULDER].x,
                    landmarks[mediapipe_pose.PoseLandmark.LEFT_SHOULDER].y]
            l_elbow=[landmarks[mediapipe_pose.PoseLandmark.LEFT_ELBOW].x,
                    landmarks[mediapipe_pose.PoseLandmark.LEFT_ELBOW].y]
            l_wrist=[landmarks[mediapipe_pose.PoseLandmark.LEFT_WRIST].x,
                    landmarks[mediapipe_pose.PoseLandmark.LEFT_WRIST].y]
            ## 计算夹角
            angle=calculate_angle(l_shoulder,l_elbow,l_wrist)
            ## 绘制角度
            cv2.putText(image,str(angle),
                        tuple(np.multiply(l_elbow,[640,480]).astype(int)),
                            cv2.FONT_HERSHEY_SIMPLEX,0.5,(255,255,255),2,
                            cv2.LINE_AA)
        except:
            pass
        # 绘制检测的 Landmark
        mediapipe_drawing.draw_landmarks(image,results.pose_landmarks,
                        mediapipe_pose.POSE_CONNECTIONS,
                        mediapipe_drawing.DrawingSpec (color=(240,110,66),
                        thickness=2,circle_radius=2),
                        mediapipe_drawing.DrawingSpec (color=(1,26,255),
                        thickness=2,circle_radius=2))
```

```
        # 计算 FPS
        currentTime = time.time()
        fps = 1 / (currentTime-previousTime)
        previousTime = currentTime

        # 在窗口显示 FPS
        cv2.putText(image, str(int(fps))+" FPS", (10, 70), cv2.FONT_HERSHEY_COMPLEX,
                  1, (0,255,0), 2)

        # 打开窗口显示，y 轴翻转，适合自拍模式
        cv2.imshow('Read camera',image)   ##image
        # 关闭摄像头
        if cv2.waitKey(5) &0xFF == ord('q'):
            break
    cap.release()
    cv2.destroyAllWindows()
```

代码清单 7-15 添加计数器

```
    counter=0
    stage = None
    #0 是默认的第一个摄像头
    cap = cv2.VideoCapture(0)
    # 初始化时间，用于计算 FPS（每秒帧率）
    previousTime = 0
    currentTime = 0
    with mediapipe_pose.Pose(min_detection_confidence=0.5, min_tracking_confidence=0.5)
as pose:
        while cap.isOpened():
            # 读取摄像头输入流
            ret,frame = cap.read()

            image=cv2.cvtColor(frame,cv2.COLOR_BGR2RGB) #converts an input image from
one color space to another
            image.flags.writeable=False               #image 对象不可写，减少内存占用
            results=pose.process(image)
            image.flags.writeable=True                 #image 对象重置成可写
            image=cv2.cvtColor(image,cv2.COLOR_RGB2BGR) #OpenCV 色彩的顺序是 BGR，需要转换
回来

            #print(results)
            try:
                landmarks=results.pose_landmarks.landmark
                # 获取坐标
                l_shoulder=[landmarks[mediapipe_pose.PoseLandmark. LEFT_SHOULDER].x,
                          landmarks[mediapipe_pose.PoseLandmark.LEFT_SHOULDER].y]
                l_elbow=[landmarks[mediapipe_pose.PoseLandmark. LEFT_EL
                    BOW].x, landmarks[mediapipe_pose.PoseLandmark.LEFT_ELBOW].y]
```

```
        l_wrist=[landmarks[mediapipe_pose.PoseLandmark.LEFT_WRIST].x,
               landmarks[mediapipe_pose.PoseLandmark.LEFT_WRIST].y]
        ## 计算夹角
        #angle=calculate_angle(l_shoulder,l_elbow,l_wrist)
        # 以这个为准
        angle = math.degrees(math.atan2(l_wrist[1]-l_elbow[1],
               l_wrist[0]-l_elbow[0])-math.atan2(l_shoulder[1]-l_elbow[1],
               l_shoulder[0]-l_elbow[0]))
        if angle<0:
           angle+=360
        ## 绘制角度
        #cv2.putText(image,str(angle),
        #            tuple(np.multiply(l_elbow,[640,480]).astype(int)),
        #               cv2.FONT_HERSHEY_SIMPLEX,0.5,(255,255,255),2,
        #               cv2.LINE_AA)
        # 数字显示更清晰
        cv2.putText(image,str(angle),
                   tuple(np.add(np.multiply(l_elbow,[640,480]),
                       np.array([20,0])).astype(int)),
                       cv2.FONT_HERSHEY_SIMPLEX,0.5,(255,255,255), 2,
                       cv2.LINE_AA)

        per =np.interp(angle,(30,160),(100,0))    # 百分比，角度开合的比例
        bar =np.interp(angle,(30,160),(100,480))  # 480 和 100 代表 y 轴的距离
                                     # 距离越大，距离上面部分越远，从而 bar 越小
        ### 绘制 Bar 显示进度条
        cv2.rectangle(image,(600,100),(638,480),(0,255,0),2)
        cv2.rectangle(image,(600,int(bar)),(638,480),(21,49,255), cv2.FILLED)
        cv2.putText(image,f'{int(per)}%',(600,80), cv2.FONT_HERSHEY_SIMPLEX,
                   0.5,(255,0,0),1)
        # 计数器
        if angle > 160:
            stage ="down"
        if angle<30 and stage =="down":
            stage ="up"
            counter+=1
            print(counter)

except:
    pass

## 窗口绘制 counter
cv2.rectangle(image,(0,0),(225,75),(70,92,255),-1) #start ,end,color

cv2.putText(image,'TIMES',(15,12),cv2.FONT_HERSHEY_SIMPLEX,0.5,
           (0,0,0),1,cv2.LINE_AA)
```

```
        cv2.putText(image,str(counter),(10,60),cv2.FONT_HERSHEY_SIMPLEX,2,
                (255,200,200),2,cv2.LINE_AA)

        # 绘制检测的 Landmark
        mediapipe_drawing.draw_landmarks(image,results.pose_landmarks,
                mediapipe_pose.POSE_CONNECTIONS, mediapipe_drawing.DrawingSpec
                (color=(240,110,66), thickness=2,circle_radius=2),
                mediapipe_drawing.DrawingSpec (color=(1,26,255), thickness=2,
                circle_radius=2))

        # 针对 l_shoulder、l_elbow、l_wrist 绘制额外的点
        cv2.line(image,tuple(np.multiply(l_shoulder,[640,480]).astype(int)),
            tuple(np.multiply(l_elbow,[640,480]).astype(int)),(255,255,255),3)
        cv2.line(image,tuple(np.multiply(l_elbow,[640,480]).astype(int)),
            tuple(np.multiply(l_wrist,[640,480]).astype(int)),(255,255,255),3)

        cv2.circle(image,tuple(np.multiply(l_shoulder, [640,480]).astype(int)),
                10,(0,0,255),cv2.FILLED)
        cv2.circle(image,tuple(np.multiply(l_shoulder, [640,480]).astype(int)),
                15,(0,0,255),2)
        cv2.circle(image,tuple(np.multiply(l_elbow, [640,480]).astype(int)),10,
                (0,0,255),cv2.FILLED)
        cv2.circle(image,tuple(np.multiply(l_elbow, [640,480]).astype(int)),15,
                (0,0,255),2)
        cv2.circle(image,tuple(np.multiply(l_wrist, [640,480]).astype(int)),10,
                (0,0,255),cv2.FILLED)
        cv2.circle(image,tuple(np.multiply(l_wrist, [640,480]).astype(int)),15,
                (0,0,255),2)


        # 计算 FPS
        currentTime = time.time()
        fps = 1 / (currentTime-previousTime)
        previousTime = currentTime

        # 在窗口显示 FPS
        cv2.putText(image, str(int(fps))+" FPS", (300, 70),
        cv2.FONT_HERSHEY_COMPLEX, 1, (0,255,0), 2)

        # 打开窗口显示，y 轴翻转，适合自拍模式
        cv2.imshow('Read camera',image)   ##image
        # 关闭摄像头
        if cv2.waitKey(5) &0xFF == ord('q'):
            break
cap.release()
cv2.destroyAllWindows()
```

输出结果如图 7-5 所示。

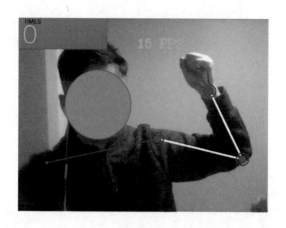

图 7-5 AI 健身教练效果示意图

7.3 小结

当然，要制作一款成熟的 AI 健身软件还有很长的路要走。例如，智能提示避免肌肉过度拉伤，根据个人情况制定学习课程，对于身体姿态进行实时纠错，根据动作给出评分，等等。另外，可以开发算法：使用用户信息来生成个性化的健身建议。同时，可以设计健身计划：一旦确定了目标用户群体，就可以开始设计健身计划。这些计划应该考虑到用户的健身目标、身体状况和可用设备。也可以建立数据库：为了提供个性化的健身建议，需要建立一个数据库，存储用户的个人信息和健身记录。这些信息可以通过用户从应用中输入或通过第三方数据接口获取。

我们通过 MediaPipe 实现智能健身教练时实现了其中重要的一环，也是给感兴趣的读者通过动手贴合梦想一个机会。通过 MediaPipe 来实现职能健身教练是一种全新的方法，它结合了计算机视觉和机器学习技术，为健身行业带来了创新的可能性。本章探讨了如何有效地利用 Google 的 MediaPipe 框架来创建一位虚拟职能健身教练，从而为个人健身提供更加个性化和互动的体验。通过 MediaPipe 进行身体动作和姿势的检测。这为创建虚拟健身教练提供了坚实的基础，使我们能够追踪用户的动作并提供反馈。

第 **8** 章

MediaPipe 和 Unity

　　Unity 是目前流行的媒体和游戏开发引擎，MediaPipe 具备跨平台的实时推理并自带多种视觉推理方案，使得高效低成本整合 MediaPipe 和 Unity 成为可能。本章主要介绍 MediaPipe 与 Unity 插件的结合应用，并通过一个 UDP 案例介绍具体的实现。

8.1　MediaPipe Unity 插件简介

　　Unity 近年来在游戏开发和多媒体开发中得以大规模推广，MediaPipe 由于其跨平台的性能，利用其丰富的工具和库，开发者可以快速开发出高质量的多媒体应用。

　　Unity 提供了多种游戏开发中需要的功能，比如 Shaders、地图地形编辑、物理引擎以及网络通信等。

　　Unity 插件是一种用于 Unity 游戏引擎中运行的软件组件。它可以帮助开发者快速实现特定功能，并且还可以与其他插件进行集成，以实现复杂的游戏逻辑。Unity 插件可以通过 Unity Asset Store 获得，也可以通过开发者自己创建。

通常情况下，复杂的游戏场景需要额外的支持，Unity 作为专业的游戏 3D 引擎，提供了更为强大的场景支撑能力。

Unity 主要是使用 C# 编写应用程序的，它提供了两种不同的插件，可以使用完全不同的编程语言编写插件。Unity 支持的插件有 Managed Plugin 和 Native Plugin 原生插件。Managed Plugin 即托管插件，是使用第三方工具创建的托管 .NET 程序集，通常包含只能访问 .NET 支持的库的 .NET 代码。所谓原生插件，是指特定于平台的本机代码库，用于访问 Unity 通常无法使用的第三方代码库。Unity 支持的原生插件 Native Plugin 是由其他编程语言（比如 C、C++ 或者 Objective-C 等）编写而成的，使得 Unity 可以通过 C# 语言和其他编程语言（比如 C/C++）函数的功能进行交互。

最为常见的是动态链接库（见图 8-1），与可执行程序不同，DLL 文件不能直接运行。它必须由另一个程序来调用，这个程序称为宿主程序。当宿主程序调用 DLL 文件中的函数时，DLL 文件就会在内存中加载。这种方式的优势在于，DLL 文件可以在多个程序之间共享，并且可以动态地更新，而不需要重新编译或重新链接宿主程序。DLL 文件可以包含数据、函数和其他类型的代码，这些代码可由其他程序使用。DLL 文件可以用于避免代码冗余，同时允许多个程序共享相同的库。

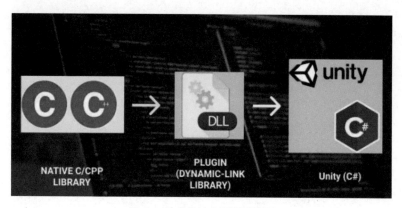

图 8-1　动态链接库原理示意图

8.2　MediaPipe Unity 插件的安装方法

这里选用的 Unity Plugin 采用的是 homuler 提供的开源方案，通过该插件，我们可以用

C# 编程语言编写 MediaPipe 代码，在 Unity 上执行 MediaPipe 的官方解决方案，并且可以在 Unity 上执行定制化的 Calculator 等。

可以通过 github.com/homuler/MediaPipeUnityPlugin 下载 MediaPipie Plugin 插件。

安装上述插件需要安装依赖包 MSYS2。MSYS2 可在 Windows 下模拟 Linux 运行开发环境，使用 Pacman 管理并下载各种命令行程序，以方便构建运行安装本机的 Windows 软件。

这里需要安装 MSYS2 并且将其安装目录添加到 %PATH% 的系统环境变量中。

要在 Windows 系统上安装 MSYS2，请遵循以下步骤：

步骤 01 下载 MSYS2 的安装程序。在浏览器中输入网址 https://www.msys2.org/。在该网页上单击"安装"按钮，下载新版本的 MSYS2 安装程序。

步骤 02 安装 MSYS2。打开下载的安装程序并按照屏幕上的指示操作。通常情况下，只需要单击"下一步"按钮就可以完成安装。

步骤 03 更新 MSYS2 软件包。安装完成后，可能需要更新 MSYS2 中的软件包。要做到这一点，需在命令行输入以下命令：

```
pacman -Syu
```

MSYS2 的安装向导如图 8-2 ～图 8-4 所示，根据安装向导提示安装即可。

图 8-2 MSYS2 安装向导 1

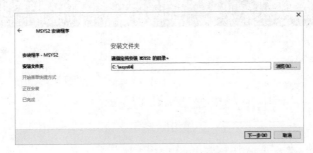

图 8-3 MSYS2 安装向导 2

图 8-4　MSYS2 安装向导 3

安装所需的软件包。在更新完成后，可以使用命令行来安装所需的软件包。例如，安装 GCC 编译器等。

通过 Pacman 安装相关的依赖包。执行以下命令：

```
Pacman -S git patch unzip
```

结果如图 8-5 所示。

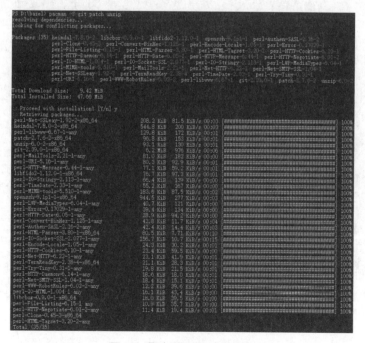

图 8-5　通过 Pacman 安装依赖

安装 Python 运行环境，需要 Python 3.9 以上，可以在 Anaconda 中创建一个新的运行环境，避免和其他运行环境造成冲突。执行以下命令：

```
conda create -n py39 python=3.9
```

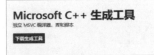

图 8-6 官网 Visual C++
Build Tools

步骤 04 安装 Visual C++ Build Tools 2019。

访问链接 https://visualstudio.microsoft.com/zh-hans/
visual-cpp-build-tools/，并且单击 "下载生成工具" 按
钮，如图 8-6 所示。

步骤 05 转到 https://bazel.build/install/bazelisk 页面安装 Bazel。作为 Windows 和其他操作系
统上推荐的 Bazel 安装方法，它会自动根据操作系统查找并下载安装合适的 Bazel 版本。

打开 https://github.com/bazelbuild/bazelisk 页面，对于 Windows 来说，下载目前的稳
定版本 6.0，并将可执行程序重命名为 bazel.exe，然后将目录添加到环境变量 %PATH% 中。

可以通过 Bazel Version 来检测是否安装成功，如图 8-7 所示。

```
PS D:\bazel> .\bazel.exe
2022/12/28 16:12:50 Downloading https://releases.bazel.build/6.0.0/release/bazel-6.0.0-windows-x86_64.exe...
WARNING: Invoking Bazel in batch mode since it is not invoked from within a workspace (below a directory having a WORKSP
ACE file).
Extracting Bazel installation...
                                            [bazel release 6.0.0]
Usage: bazel <command> <options> ...

Available commands:
  analyze-profile       Analyzes build profile data.
  aquery                Analyzes the given targets and queries the action graph.
  build                 Builds the specified targets.
  canonicalize-flags    Canonicalizes a list of bazel options.
  clean                 Removes output files and optionally stops the server.
  coverage              Generates code coverage report for specified test targets.
  cquery                Loads, analyzes, and queries the specified targets w/ configurations.
  dump                  Dumps the internal state of the bazel server process.
  fetch                 Fetches external repositories that are prerequisites to the targets.
  help                  Prints help for commands, or the index.
  info                  Displays runtime info about the bazel server.
  license               Prints the license of this software.
  mobile-install        Installs targets to mobile devices.
  modquery              Queries the Bzlmod external dependency graph
  print_action          Prints the command line args for compiling a file.
  query                 Executes a dependency graph query.
  run                   Runs the specified target.
  shutdown              Stops the bazel server.
  sync                  Syncs all repositories specified in the workspace file.
  test                  Builds and runs the specified test targets.
  version               Prints version information for bazel.

Getting more help:
  bazel help <command>
                  Prints help and options for <command>.
  bazel help startup_options
                  Options for the JVM hosting bazel.
  bazel help target-syntax
                  Explains the syntax for specifying targets.
  bazel help info-keys
                  Displays a list of keys used by the info command.
PS D:\bazel> bazel version
Bazelisk version: v1.15.0
WARNING: Invoking Bazel in batch mode since it is not invoked from within a workspace (below a directory having a WORKSP
ACE file).
Build label: 6.0.0
Build target: bazel-out/x64_windows-opt/bin/src/main/java/com/google/devtools/build/lib/bazel/BazelServer_deploy.jar
Build time: Mon Dec 19 15:54:13 2022 (1671465253)
Build timestamp: 1671465253
Build timestamp as int: 1671465253
```

图 8-7 查看 Bazel 是否安装成功

步骤 06 安装 NuGet，进入 https://www.nuget.org/downloads 页面进行安装。

步骤 07 安装 NumPy Package，通过页面安装命令进行安装。

步骤 08 将 GitHub 上的工程复制到本地，命令 git clone https://github.com/homuler/ MediaPipeUnityPlugin.git，在运行之前，如果本地安装了多个版本的 VC++ 编译工具，则需要指定对应的版本。通过设定环境变量来实现：

```
set BAZEL_VS=C:\Program Files (x86)\Microsoft Visual Studio\2019\BuildTools
set BAZEL_VC=C:\Program Files (x86)\Microsoft Visual Studio\2019\BuildTools\VC
```

切换到刚才创建的 Python 环境，执行以下命令：

```
python build.py build --desktop cpu -v
```

如果看到如图 8-8 所示的输出，则表明 MediaPipe Unity 插件安装成功。

图 8-8　查看插件是否安装成功

在这一步可能会报错：OpenCV 找不到或者不在指定的目录下，这里默认安装的 OpenCV 是 3.4.16 版本，并且默认安装目录为 C:\opencv。通过访问 OpenCV 网站，找到 3.4.16 版本，根据操作系统类型选择对应的版本下载、解压或安装。

如果需要更换安装目录或者版本的话，需要修改 WORKSPACE 和 third_party/opencv_windows.BUILD 文件，如图 8-9 所示。

图 8-9 修改 OpenCV 安装目录

8.3 MediaPipe Unity 插件的使用方法

本节介绍 MediaPipe Unity 插件的使用方法。

（1）按照 8.2 节说明进行 MediaPipe Unity 插件的安装。

（2）创建一个新的 Unity 项目，或者打开已经创建好的 Unity 项目，这里可以访问 sample 路径下的文件进行测试：MediaPipeUnityPlugin\Assets\MediaPipeUnity\Samples\Scenes，将 Start Scene.unity 打开并导入相关资源，如图 8-10 所示。

（3）由于之前我们选择 CPU 模式进行构建，因此需要在 Inference 模式中选择对应的 CPU 模式，如图 8-11 所示。

（4）单击"运行"按钮，可以看出默认的 demo 中创建的是面部检测功能，如图 8-12 所示。

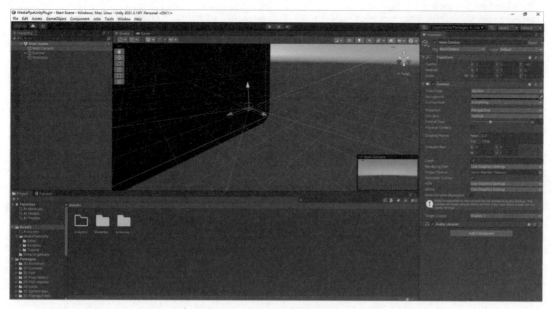

图 8-10　新建一个 Unity 项目

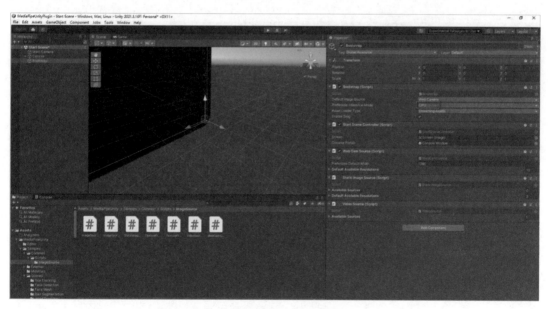

图 8-11　选择 Inference 模式为 CPU

（5）通过调整菜单中的选项选择 MediaPipe 内置的解决方案，可以看出通过 MediaPipe 的 Unity 插件，我们可以在 Unity 中使用 MediaPipe 内置的 10 余种解决方案，包含人脸检测、瞳孔识别、手势识别等，如图 8-13 所示。

图 8-12 插件中的 demo 程序

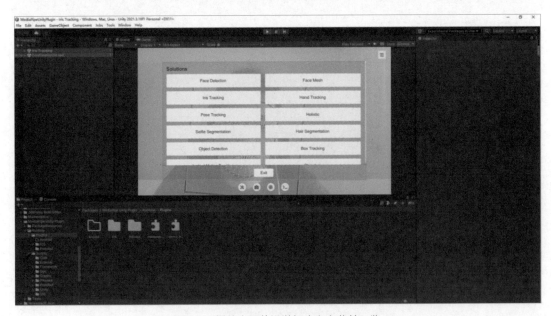

图 8-13 插件内置的视觉解决方案菜单一览

（6）单击 Game 区域的第一个图标按钮，可以看出解决方案列表下有一行设置图标，从左到右分别是"模型参数设置按钮"，比如在图 8-14 中可以设置 Iris 瞳孔识别的 Running Mode（运行模式）为同步还是异步，以及进行超时时间（毫秒）的设置等。

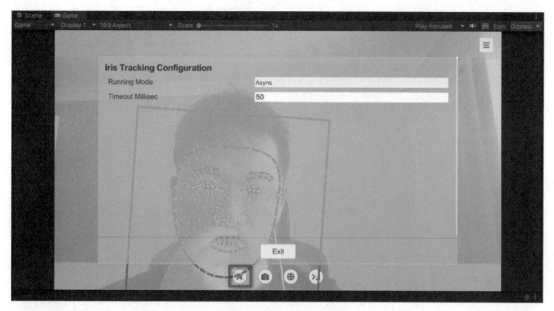

图 8-14　菜单－模型配置

（7）如图 8-15 所示第二个图标按钮用于对输入源进行相关设置，比如可以选择输入源为静态图片或者摄像头，如果有多个摄像头，则会提供下拉框进行选择，同时可以对画面的分辨率进行对应的调整。

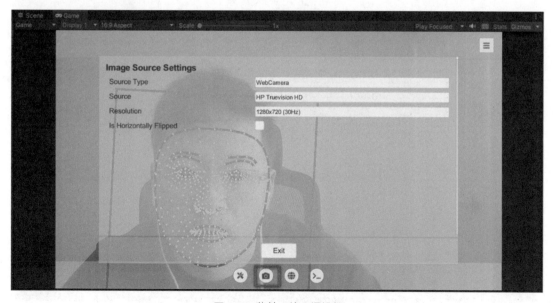

图 8-15　菜单－输入源设置

（8）第三个图标按钮用于对 Glog 日志库进行调整，Glog 是一个用于 C++ 的轻量级日志库，它提供了一种方便的方式在程序中记录信息，以便于调试和诊断问题，如图 8-16 所示。

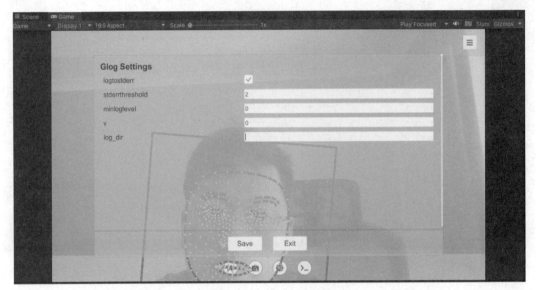

图 8-16 菜单－日志设置

（9）最后一个图标按钮用来查看程序日志输出，如图 8-17 所示。

（10）手势识别的示例如图 8-18 和图 8-19 所示。

图 8-17 菜单－查看日志输出

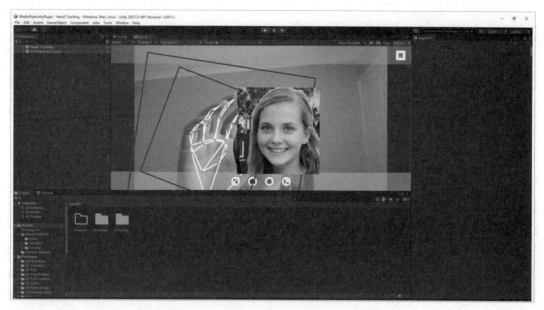

图 8-18　手势识别的示例

这里我们对插件的启动做一下调整，在 Unity 左下方的目录浏览窗口选择 MediaPipe 插件的目录，分别选择 MediaPipe_c 和 Opencv_world3416，选中 Plugin Load Setting 中的 Load on startup，并单击 Apply 按钮，如图 8-20 和图 8-21 所示。

图 8-19　Facemesh 示例

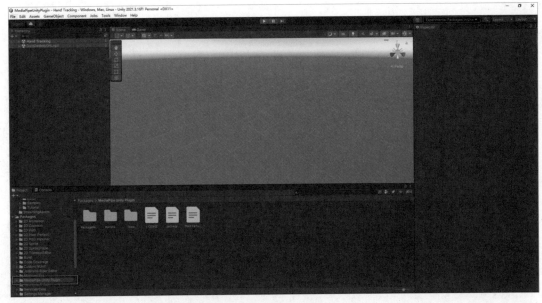

图 8-20　调整插件自启动 1

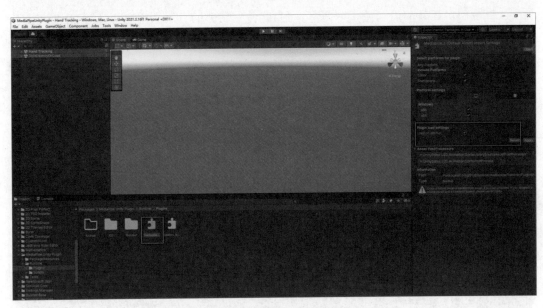

图 8-21　调整插件自启动 2

下面通过示例代码来说明一下 MediaPipe 的 Unity 插件的使用。

代码清单 8-1 Hello World 程序

```csharp
using UnityEngine;
using MediaPipe;

public sealed class TestApp : MonoBehaviour
{
private const string _ConfigText = @"
input_stream: ""in""
output_stream: ""out""
node {
  calculator: ""PassThroughCalculator""
  input_stream: ""in""
  output_stream: ""out1""
}
node {
  calculator: ""PassThroughCalculator""
  input_stream: ""out1""
  output_stream: ""out""
}
";

    private void Start()
    {
        var graph = new CalculatorGraph(_ConfigText);
        var poller = graph.AddOutputStreamPoller<string>("out").Value();
        graph.StartRun().AssertOk();

        for (var i = 0; i < 20; i++)
        {
            graph.AddPacketToInputStream("in", new StringPacket("Test Application!",
                new Timestamp(i))).AssertOk();
        }

        graph.CloseInputStream("in").AssertOk();
        var packet = new StringPacket();

        while (poller.Next(packet))
        {
            Debug.Log(packet.Get());
        }
        graph.WaitUntilDone().AssertOk();
    }
}
```

上述代码使用 Unity 和 MediaPipe 库编写了一个简单的测试应用程序。它的主要功能是将输入的字符串"Test Application!"发送到计算图，并将计算结果输出到控制台。

【代码说明】

首先，定义了一个名为 _ConfigText 的常量字符串，其中包含计算图的配置信息。这个计算图包含两个节点，每个节点都使用了 PassThroughCalculator，它将输入流的数据原样输出到另一个输出流。

然后，在 Start() 方法中，创建了一个 CalculatorGraph 对象，并使用 _ConfigText 作为配置信息。为输出流 out 添加了一个 OutputStreamPoller，用于从计算图中获取数据。

接着，启动计算图的运行，并检查是否成功。使用 for 循环向输入流 in 添加 20 个数据包，每个数据包包含一个字符串"Test Application!"和一个时间戳。关闭输入流 in。

接着，创建一个 StringPacket 对象，用于存储从输出流 out 获取的数据。使用 while 循环不断从输出流 out 获取数据包，直到没有更多数据可获取。在循环中，将获取到的数据包的内容输出到控制台。

最后，等待计算图完成运行，并检查是否成功。

8.4 案例介绍

MedipPipe 和 Unity 结合可以开发出很多有价值的应用。

例如，可以使用 MediaPipe 识别图像中的物体并获取物体的位置信息，然后在 Unity 中使用这些信息来实现游戏中的物体跟踪和交互。或者通过 MediaPipe 识别人脸或手势并获取特征点，在 Unity 中驱动角色动画或者将手势转换成对应的游戏指令，实现和虚拟世界的交互操作。本节介绍一个通过 MediaPipe 和 Unity 结合开发的小游戏。

我们采用一种 Unity 和 MediaPipe 整合的模式，即使用 UDP（User Datagram Protocol，用户数据报协议）进行数据传输，使用 MediaPipe 的多线程特性——MediaPipe 获取到手部的关键点在 x、y、z 轴上的坐标，通过 UDP 协议传输给 Unity，在 Unity 中将 21 个手部关键点和模型中的点位一一进行映射，实时更新对应的三轴坐标，这个过程很快，可以达到准实时操作 Unity 中的模型的效果。

> 🎮➕提示　UDP 是一种网络传输协议，用于在计算机之间发送数据包。UDP 与 TCP
> （Transmission Control Protocol，传输控制协议）不同，它不保证数据包的顺序或完整性，
> 由于不需要建立连接就可以传输数据，因此它的速度更快。

　　具体实现步骤如下。

步骤 01　编写 Python 代码，按照之前的介绍，这里获取手部关键点，并将其保持到一个 list 对象中，
接下来通过 UDP 协议传输到指定地址的特定端口（后面会介绍在 Unity 中编写脚本对数
据端口的数据进行接收处理）。这里需要注意的是，在构建传输给 Unity 的 list 中，由于
OpenCV 和 Unity 的坐标系不一样，因此我们对 y 轴的坐标进行了处理。在 OpenCV 中，
0 点在屏幕的左上角，而在 Unity 中原点在右下角，这里采用 h-lm.y*h 获取调整后的坐标，
并且用 int 函数对结果取整。

　　这部分 Python 代码如下。

代码清单 8-2　获取手部关键点并发送到 local 的指定端口

```python
import socket
import cv2
import mediapipe as mp
mp_drawing = mp.solutions.drawing_utils
mp_drawing_styles = mp.solutions.drawing_styles
mp_hands = mp.solutions.hands

cap = cv2.VideoCapture(0)
cap.set(3, 1280)
cap.set(4, 720)

sock = socket.socket(socket.AF_INET, socket.SOCK_DGRAM)
serverAddressPort = ("127.0.0.1", 5052)


with mp_hands.Hands(
    model_complexity=0,
    min_detection_confidence=0.5,
    min_tracking_confidence=0.5) as hands:
  while cap.isOpened():
    success, image = cap.read()
    h, w, _ = image.shape
    data = []

    if not success:
```

```
      print("Ignoring empty camera frame.")
      continue

    image.flags.writeable = False
    image = cv2.cvtColor(image, cv2.COLOR_BGR2RGB)
    results = hands.process(image)

    image.flags.writeable = True
    image = cv2.cvtColor(image, cv2.COLOR_RGB2BGR)
    if results.multi_hand_landmarks:
      lmList = results.multi_hand_landmarks[0].landmark
      for lm in lmList:
        data.extend([int(lm.x*w), int(h-lm.y*h), int(lm.z*w)])
      print(data)
      sock.sendto(str.encode(str(data)), serverAddressPort)

      for hand_landmarks in results.multi_hand_landmarks:
        mp_drawing.draw_landmarks(
            image,
            hand_landmarks,
            mp_hands.HAND_CONNECTIONS,
            mp_drawing_styles.get_default_hand_landmarks_style(),
            mp_drawing_styles.get_default_hand_connections_style())
    # 水平方向上翻转以适应自拍模式
    cv2.imshow('MediaPipe Hands', cv2.flip(image, 1))
    if cv2.waitKey(5) & 0xFF == 27:
      break
cap.release()
cv2.destroyAllWindows()
```

以上代码用于实时检测摄像头中的手部关键点并显示在屏幕上。

【代码说明】

首先，导入所需的库：Socket、cv2（OpenCV）和 MediaPipe。

然后，设置 MediaPipe 的手部关键点检测模型参数，包括模型复杂度、最小检测置信度和最小跟踪置信度。

接着，打开摄像头并设置分辨率为 1280×720。

接着，创建一个 UDP 套接字，用于发送数据到指定的服务器地址和端口。

接着，使用 MediaPipe 的手部关键点检测功能，在摄像头捕获的每一帧图像上检测手部关键点。如果检测到手部关键点，则将它们的坐标转换为相对于图像宽度和高度的比例，并将它们添加到一个名为 data 的列表中。

接着，将 data 列表转换为字符串并通过套接字发送到服务器。

接着，在检测到的手部关键点上绘制连接线。

接着，水平翻转图像以适应自拍模式。

接着，显示处理后的图像，并在按 Esc 键时退出循环。

最后，释放摄像头资源并关闭所有窗口。

步骤 02　创建一个 Unity 工程，选择 3D Template 并将项目命名为 3D Hands，可以看出在视窗中已经自动创建了摄像机和光源。这里在 Assets 文件夹下创建一个 script 文件，并将其命名为 UDPReceiving.cs，其功能是接收从 UDP 传输过来的数据，需要注意的是，需要记下这里的端口号并且不能和其他端口重用。在 Unity 中，可以使用 Network.Socket 命名空间中的 UdpClient 类来发送和接收 UDP 数据包。要接收数据包，可以使用 udpClient.Receive(ref IPEndPoint remoteEP) 方法。这个方法会返回接收到的数据包，并将接收到数据包的远程主机的 IP 地址和端口号存储在 remoteEP 参数中。

代码清单 8-3 接收 UDP 传输的数据

```
using UnityEngine;
using System;
using System.Text;
using System.Net;
using System.Net.Sockets;
using System.Threading;

public class UDPReceiving : MonoBehaviour
{

    Thread receiveThread;
    UdpClient client;
    public int port = 5052;
    public bool startRecieving = true;
    public bool printToConsole = false;
    public string data;


    private void Start()
    {
        receiveThread = new Thread(new ThreadStart(ReceiveData));
        receiveThread.IsBackground = true;
        receiveThread.Start();
    }
```

```
    private void OnDestroy()
    {
        receiveThread.Abort();
    }


    // 接收数据
    private void ReceiveData()
    {
        client = new UdpClient(port);
        while (startRecieving)
        {

            try
            {
                IPEndPoint anyIP = new IPEndPoint(IPAddress.Any, 0);
                byte[] dataByte = client.Receive(ref anyIP);
                data = Encoding.UTF8.GetString(dataByte);

                if (printToConsole) { print(data); }
            }
            catch (Exception err)
            {
                print(err.ToString());
            }
        }
    }


}
```

上述代码用于实现 UDP 的接收功能。

【代码说明】

引入所需的命名空间：

- using UnityEngine;：引入 Unity 引擎相关的命名空间。
- using System;：引入 System 命名空间，包含一些常用的类和接口。
- using System.Text;：引入 System.Text 命名空间，包含一些文本处理相关的类和接口。
- using System.Net;：引入 System.Net 命名空间，包含一些网络编程相关的类和接口。
- using System.Net.Sockets;：引入 System.Net.Sockets 命名空间，包含一些套接字编程相关的类和接口。

- using System.Threading;：引入 System.Threading 命名空间，包含一些多线程编程相关的类和接口。

定义一个名为 UDPReceiving 的公共类，继承自 MonoBehaviour 类。

- public class UDPReceiving : MonoBehaviour：表示这是一个可以在 Unity 场景中运行的脚本，并且可以与其他游戏对象进行交互。

在类中定义一些变量：

- Thread receiveThread;：定义一个线程变量，用于接收 UDP 数据。
- UdpClient client;：定义一个 UdpClient 对象，用于与 UDP 服务器进行通信。
- public int port = 5052;：定义一个公共整数变量 port，表示要监听的 UDP 端口号，默认值为 5052。
- public bool startRecieving = true;：定义一个公共布尔变量 startRecieving，表示是否开始接收 UDP 数据，默认值为 true。
- public bool printToConsole = false;：定义一个公共布尔变量 printToConsole，表示是否将接收到的数据打印到控制台，默认值为 false。
- public string data;：定义一个公共字符串变量 data，用于存储接收到的数据。

在 Start 方法中启动接收线程：

- private void Start()：当脚本被实例化时，该方法会被调用。
- receiveThread = new Thread(new ThreadStart(ReceiveData));：创建一个新的线程，并将 ReceiveData 方法作为线程的入口点。
- receiveThread.IsBackground = true;：设置线程为后台线程，这样在主线程退出时，该线程会被终止。
- receiveThread.Start();：启动线程。

在 OnDestroy 方法中停止接收线程：

- private void OnDestroy()：当脚本被销毁时，该方法会被调用。
- receiveThread.Abort();：终止接收线程。

定义 ReceiveData 方法，用于接收 UDP 数据：

- private void ReceiveData()：定义一个私有方法，用于接收 UDP 数据。
- client = new UdpClient(port);：创建一个新的 UdpClient 对象，并指定要监听的端口号。

- while (startRecieving)：当 startRecieving 为 True 时，循环接收 UDP 数据。

- try：使用 try 语句捕获可能发生的异常。

- IPEndPoint anyIP = new IPEndPoint(IPAddress.Any, 0);：创建一个 IPEndPoint 对象，表示任意 IP 地址和任意端口号。

- byte[] dataByte = client.Receive(ref anyIP);：从客户端接收数据，并将接收到的数据存储在字节数组中。

- data = Encoding.UTF8.GetString(dataByte);：将接收到的字节数组转换为字符串。

- if (printToConsole) { print(data); }：如果 printToConsole 为 True，则将接收到的数据打印到控制台。

- catch (Exception err)：捕获可能发生的异常，并将其打印到控制台。

接下来，在 Hierarchy 视窗中创建一个空对象，重命名为 GameManager，并且将 UDPReceiving 文件拖动到新创建的 GameManager 文件中，如图 8-22 所示。同时运行 Python 程序来识别手部关键点并发送到指定端口，并运行 Unity 工程，这时候我们会发现数据已经成功被 Unity 接收，从图 8-23 所示的 data 栏位可以看到手部的关键点 x、y、z 三轴坐标会随着被检测而滚动。

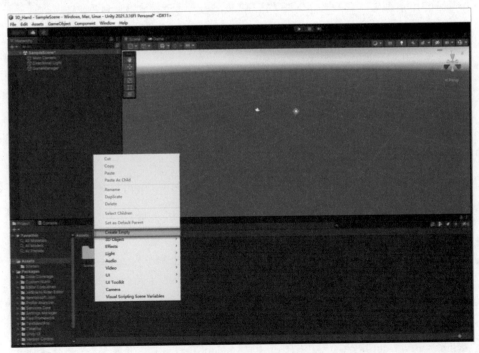

图 8-22 创建 GameManager 对象

图 8-23　Unity 接收到 UDP 传输的数据示意图

接下来，在场景中创建手部的模型，这里先创建一个手部的空对象，并在下面创建球体（Sphere），我们需要创建和 MediaPipe 手部检测模型数量一样的 21 个点对手部对象进行操纵。

将球体缩放值调整为三轴均为 0.3，如图 8-24 ～图 8-26 所示。

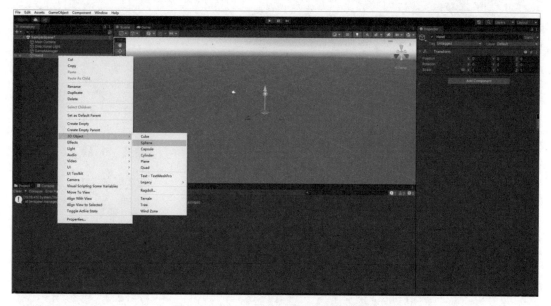

图 8-24　在 Unity 中创建第一个手部关键点

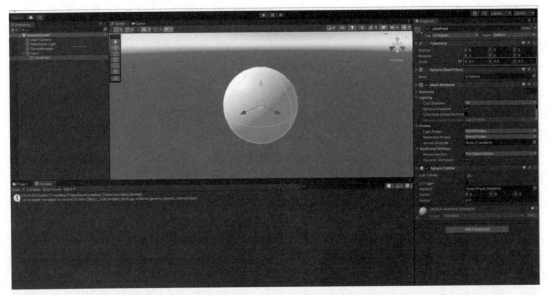

图 8-25 Unity 中手部关键点缩放调整

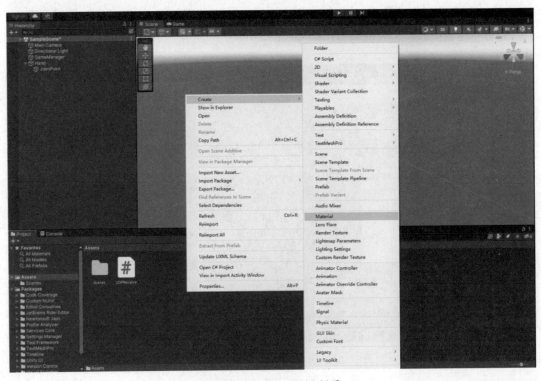

图 8-26 在 Unity 中创建材质

　　接下来对其进行着色，在此之前先创建材质，在 Assets 区域右击，选择 Create → Material，并将材质改成对应的颜色，这里将关节点赋予黄色，连线赋予蓝色，共创建两种材质，如图 8-27 和图 8-28 所示。

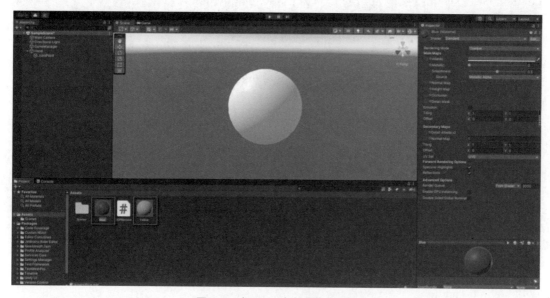

图 8-27　在 Unity 中创建蓝色材质

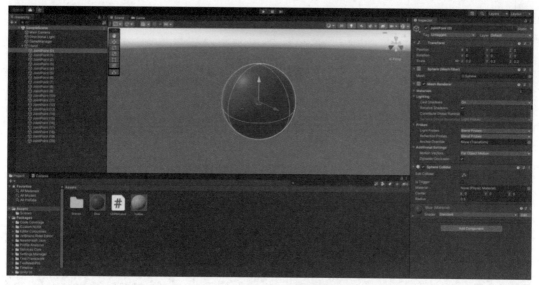

图 8-28　在 Unity 中创建黄色材质

将已经选择材质的小球复制 20 份，分别对应人手的 21 个关键点位。新建空物体，并把前面创建的 21 个球体拖动到新建空物体的下方，如图 8-29 所示。

图 8-29 在 Unity 中创建其余 20 个手部关节点

下面创建连线部分，类似地，创建空物体 ConnectLines，在 Group 下方创建 Line（选择 Effects → Line），并且将之前创建的黄色材质赋给 Line，如图 8-30 所示。

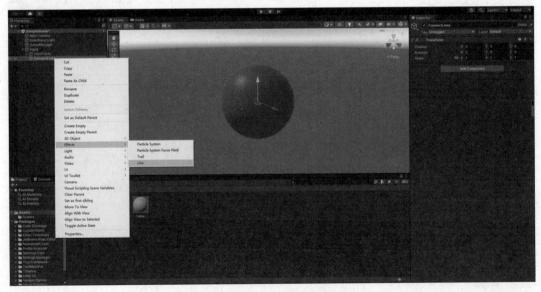

图 8-30 在 Unity 中创建关键点连线

类似地，我们将连线对象复制 20 份，分别对应 21 个关键点之间的连线，如图 8-31 所示。

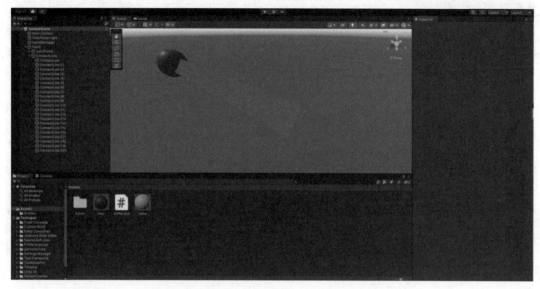

图 8-31　在 Unity 中复制其余 20 个关键点连线

接下来创建一个 C# 脚本，用来处理连线和点的显示，将文件命名为 HandTrack.cs。另外，我们将创建两个对象：一个对象用来处理从 MediaPipe 通过 UDP 协议传输过来的数据；另一个对象用来接收关键点对象，从而操纵其在空间坐标系中的位置，如图 8-32 和图 8-33 所示。

图 8-32　在 Unity 中创建 C# 脚本

图 8-33　在 Unity 中查看 Hand Points 对象

选中所有 21 点球体，拖动到右侧 Inspector 下方 Hand Points 的 Hand Track(script) 中，如图 8-34 所示。

下一步在代码中将接收到的 UDP 数据赋给 21 个球体对象。关键部分通过 Sphere 对象的 Transform 属性对姿态进行控制，相关代码如下。

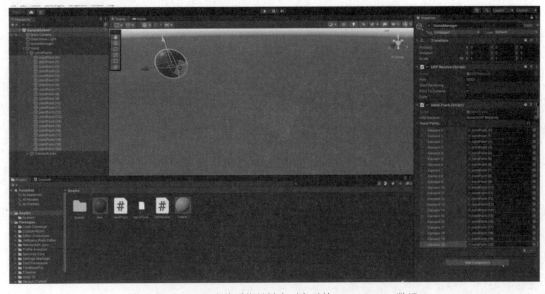

图 8-34　在 Unity 中将手指关键点对象赋给 Hand Points 数组

代码清单 8-4 对接收的 UDP 数据进行转换

```csharp
using System.Collections;
using System.Collections.Generic;
using UnityEngine;
public class HandTrack : MonoBehaviour
{
    public UDPReceiving UDPReceiving;
    public GameObject[] JointPoints;

    void Start()
    {

    }

    // Update is called once per frame
    void Update()
    {
        string UDPdata = UDPReceiving.data;

        UDPdata = UDPdata.Remove(0, 1);
        UDPdata = UDPdata.Remove(UDPdata.Length-1, 1);
        print(UDPdata);
        string[] points = UDPdata.Split(',');
        print(points[0]);

        for ( int i = 0; i<21; i++)
        {
            float x = 7-float.Parse(points[i * 3])/100;
            float y = float.Parse(points[i * 3 + 1]) / 100;
            float z = float.Parse(points[i * 3 + 2]) / 100;

            JointPoints[i].transform.localPosition = new Vector3(x, y, z);

        }
    }
}
```

上述代码用于追踪手部关键点的位置。它使用了 UDP 协议接收数据，并将数据解析为 3D 坐标，然后更新游戏中的手部关键点位置。

【代码说明】

首先，定义了一个名为 HandTrack 的类，继承自 MonoBehaviour。这个类有两个公共属性：UDPReceiving 和 JointPoints。UDPReceiving 是一个 UDPReceiving 类的实例，用于接收 UDP 数据；JointPoints 是一个 GameObject 数组，表示游戏中的手部关键点。

然后，在 Start 方法中，没有执行任何操作。在 Update 方法中，先从 UDPReceiving 实例中获取 UDP 数据，并去除数据的首尾字符。再将数据按照逗号分隔，得到一个字符串数组。遍历这个数组，将每个元素转换为浮点数，并根据索引计算对应的 3D 坐标。之后将这些坐标应用到 JointPoints 数组中对应的 GameObject 上，更新其位置。

接着，同步执行 Python 和 Unity 工程，可以发现 Unity 场景中的手掌随着真实手掌的移动而移动，时延很低，基本上可以达到实时效果，如图 8-35 所示。

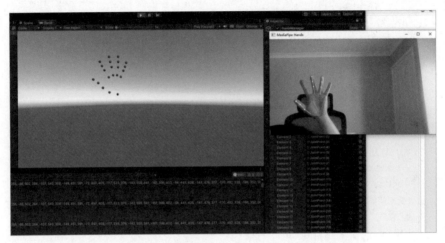

图 8-35 Python 程序操作 Unity 中手部关键点示意图

接着，将手指关键点通过线连接起来，我们通过 C# 代码来实现。线条对象的连接是通过 LineRender 属性进行操作的，并且通过指定开始和结束点来控制线条的连线。相关设置如图 8-36 所示。

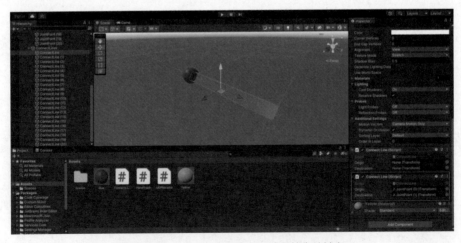

图 8-36 在 Unity 中选择线条开始和结束关键点

最后，在场景中创建一个地面，一个带有 Rigidbody 的碰撞体，当手部运动接触到立方体时，由于物理特性，立方体会被弹开，效果如图 8-37 和图 8-38 所示。

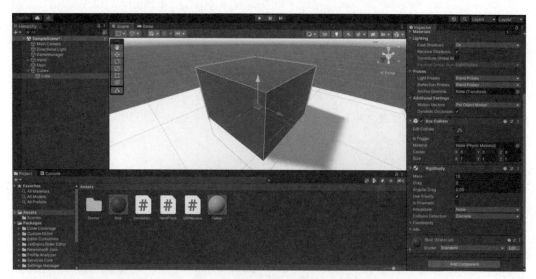

图 8-37　在 Unity 中绘制立方体

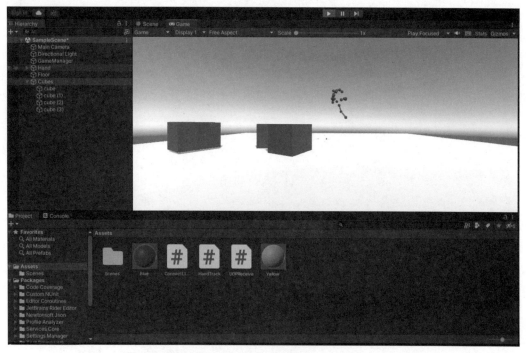

图 8-38　在 Unity 中手掌挥动推动立方体

8.5 小结

本章介绍了如何在 Unity 中使用 MediaPipe 的实时推理功能，目前市面上主流的两种方式是插件方式和 UDP 方式：前者可以使用 C# 语言统一编写，扩展性强；后者使用起来灵活性强，单独编写 MediaPipe 实现功能后，可以将识别的关键点数据传给 Unity 进行加工。

进而可以使用 Unity 的脚本功能来控制虚拟人物的运动和动画。我们可以使用 MediaPipe 实现人脸识别并获取关键点坐标，通过 Unity C# 语言的扩展性，使用脚本来控制虚拟人物的表情和眼神。

与此同时，我们可以使用 Unity 的扩展性来丰富游戏内容。例如，可以使用 Unity Asset Store 中的各种资源来为游戏增加新的场景和物体。还可以使用 Unity 的物理引擎来模拟游戏世界的运动，比如让虚拟人物走路时有重力感，通过手势动作或抓握虚拟场景中的物体。

通过将 MediaPipe 与 Unity 集成，可以在游戏中实现对身体动作的捕捉和分析，为玩家提供亲身的互动体验。综合 MediaPipe 和 Unity 的游戏开发是一项创新性的任务，但也充满挑战和奖励。它为开发者提供了巨大的创造空间。

第 9 章

MediaPipe 的前景和展望

 随着机器学习和移动高性能设备的兴起，使得各种新技术的应用层出不穷，作为实时高性能 AI 推理框架，MediaPipe 可以很高效地适配各种不同的平台，使得开发成本和性能得到很大提升。

9.1 实时识别、移动设备加速 AI 技术的落地，助力廉价 AR/VR 设备（ARCore/VRCHAT）

实时识别、移动设备加速 AI 技术落地，帮助廉价 AR/VR 设备（ARCore/VRCHAT）采用 MediaPipe 解决方案，将智能手机出货量加速到每年 10 亿台以上。

人工智能加速操作，并通过高质量的图像和视频实现实时识别。此外，自动化平台提供最先进的 AR/VR 面部识别技术和多模式数据处理服务。随着 80 年代开始的通信革命，光通信和半导体电子等技术已广泛应用于移动设备和计算机行业。两个领域的融合可以提高设备性能，降低成本，提高质量和效率。

再者，随着消费者体验的新时代的到来和移动设备成为主流的智能设备，我们看到包括娱乐、医疗、汽车和物流在内的所有主要领域都主动引入人工智能并且使得各种应用遍地开花。

在过去几年的时间里，业界开发了各种类型的移动 AR/VR 设备，包括 Meta 等常见的穿戴式设备。这些设备是智能移动设备，能够监测用户的健康状况，通过人脸识别个人用户，查看他们的生理体征，改善空间定向，并作为移动健康助手。这些设备目前由于成本问题，还比较难以普及。但是随着个人计算机和智能设备的普及，常见的 RGB 摄像头和双向通信设备已经到了随处可见的地步，如何更好地适配各种不同的平台以及如何在低功耗设备下更好地利用硬件本身并且保持稳定的性能成为不少学者研究的课题。同时，各种开源技术和商业化解决方案充斥着行业，采用标准化机器学习框架的方案呼之欲出。

2019 年，谷歌推出了基于 OpenCV Library 的流式跨平台机器学习框架 MediaPipe，在图片处理、图形检测以及各种基于机器视觉的场景中有着广泛的应用。同时，基于跨平台的各种设备以及对于移动平台的支持，各种基于摄像头的 AR/VR 应用大范围产出，使得非专业设备也可以产出不同场景。

9.2 MediaPipe 助力元宇宙发展

元宇宙也称作虚拟空间，通过虚拟现实技术使得玩家可以操作虚拟化身进入虚拟世界进行各种社交活动。近年来，随着虚拟人物技术的成熟和可穿戴技术的兴起，使得元宇宙技术和概念得以风行。

另外，随着近期远程办公的流行，线上虚拟办公也使得虚拟空间元宇宙得到一定程度的推广和普及。虚拟化身、社交属性以及互动是元宇宙的三大特性。通过元宇宙特有的体验方式，可以轻松拓展到各个行业领域，比如传统的教育、艺术领域等，甚至可以通过线上看房代替传统的看房过程，使得用户有身临其境的真实感受。在这其中，传统的电子游戏给元宇宙奠定了一定的世界观基础，包含化身 Avatar 设定和互动，通过游戏的虚拟货币来解锁定制虚拟角色。

而元宇宙的化身通常是通过真人动作手势以及表情的迁移来进行的，或许不久的将来，情感的迁移和反馈也会将元宇宙的体验提升到另一个层次。

在这个过程中，VR/AR 设备成为玩家进入元宇宙的重要媒介，借助 VR/AR 眼镜，玩家可以看到虚拟世界的角色，通过触感手套和穿戴设备，玩家可以将个人的动作姿态在虚拟化身中低时延地表达出来，通过以用户为中心的方式，构建一个无限虚拟且可控的环境。这类代表设备有 VIVE VR 设备、VRChat 等。

近年来，由于智能手机设备的普及，以及虚拟角色化身技术的更新，使得普通移动设备也有机会进入元宇宙领域。这里 MediaPipe 技术起到了助推的作用，通过机器视觉技术识别人体关键点和姿态，通过面部关键点识别实现表情迁移，并且借助 Shader 和 OpenGL 在现实空间中创建并绘制虚拟角色或物体，使得智能移动设备变成构建元宇宙的重要一环。并且低时延、高性能、多平台适配性使得普通人借助平价设备得以参与元宇宙，对推广起到重要作用。

9.3　面临的挑战

MediaPipe 作为一个开源的多媒体处理框架，可以帮助开发人员快速创建多种机器学习的应用，它具备很多优点，比如支持多平台和编程语言，内置多种可用的机器视觉相关模型，容易使用和扩展，等等。

虽然 MediaPipe 具有诸多优点，但也具有一定的局限性。其中一个是 MediaPipe 需要大量第三方依赖库，依赖项较多，特别是跨平台开发时需要对不同的环境进行维护，开发人员需要确保开发环境成功配置以及库的相关版本相互兼容。

目前框架还面临一定的问题和挑战，主要集中在：MediaPipe 相关的文档资料比较少，而且比较分散，开源框架的推广力度不够。其次相关完整的示例比较少，特别是移动端整合以及新场景落地应用这块，笔者也是通过多年经验总结汇总的。

9.4　小结

截至本章，我们介绍了 MediaPipe 的相关原理、基本组成构建，解释了什么是 Graph、Packet 以及 Caculator。接着通过一个移动端实例介绍了如何将 MediaPipe 在智能手机上运行起来。实战篇讲解了如何通过 MediaPipe 实现无绿幕抠像人物背景替换，打造自己的会议化身；通过大量实例讲解了如何使用人体姿态识别、面部关键点识别等技术实现虚拟健身教练、手语识别以及体感游戏项目实践等，甚至可以考虑和机器人无人机等设备整合实现动作同步手势控制等。

总体来说，MediaPipe 是一个具备多种机器学习能力的开发工具，通过其自带的 API 提供了多种领先的模型，可以使得移动端计算得以发挥硬件的最大性能。MediaPipe 在多媒体数据处理和计算机视觉领域具有巨大的潜力，可以为开发者提供强大的工具，用于构建创新的应用程序和解决复杂的多媒体处理任务。它的开源性质和跨平台支持使其成为未来多媒体应用程序开发的有前景的工具。

同时，深入介绍了 Google 的 MediaPipe 框架，详细阐述了多个关键组件和知识点，并提供了各种实际应用的示例，从 Facemesh 到虚拟化身，再到体感游戏控制、视觉特效、AR、游戏开发等多个领域。本书为未来 MediaPipe 技术的发展提供了强有力的技术基础，并预示了一系列技术展望：

- 增强现实（AR）和虚拟现实（VR）：MediaPipe 已经被广泛应用于 AR 和 VR 应用，未来将继续推动这两个领域的发展。AR 眼镜、虚拟现实头显等设备将更加普及，而 MediaPipe 将成为其中重要的技术支持。

- 计算机视觉和图像处理：MediaPipe 的图像处理和视觉特效技术将继续为各种领域带来创新，如图像识别、图像处理、活动监测等。

- 医疗和健康领域：MediaPipe 在手语识别和智能健身教练等应用中展现了巨大潜力。这一技术将被广泛应用于康复、健康监测和生活质量改进。

- 游戏开发的进一步融合：体感游戏和虚拟化身等创新性游戏方式将成为未来游戏领域的趋势。MediaPipe 结合 Unity 等游戏引擎的使用将推动更多交互式游戏的开发。

- 更广泛的行业应用：MediaPipe 不仅在娱乐和游戏领域有用，还将在教育、自动化、安全和许多其他行业中发挥作用。

未来，我们可以期待更多的开发者和研究人员利用 MediaPipe 的强大功能开创出新的应用领域，并改进现有的技术。MediaPipe 将继续为计算机视觉和机器学习的发展做出重要贡献，为我们的日常生活和工作带来更多智能化和互动性。本书为读者提供了坚实的基础，鼓励他们继续探索 MediaPipe 的可能性，创造出更多创新的应用。

技术的革新会带来新的机遇，开源方案的引入使得各种研究和应用的门槛降低，通过系统化的学习可以使得普通人也有机会接触前沿技术，通过和传统或现有的技术进行整合，使之成为自己项目中的一部分，从而获得精神上的满足，产生一种学习使人快乐的愉悦感。希望读者能从本书中获益，也希望能起到一定的推广作用。